布里渊光纤振荡器
理论及应用

刘毅 著

西安电子科技大学出版社

内 容 简 介

本书详细介绍了布里渊光纤振荡器的基础理论及相关实验,主要涉及单纵模布里渊光纤激光器和全光光机械微波光子振荡器,同时给出了窄线宽布里渊光纤激光器在高 Q 值微波光子滤波器中应用的实验方案与结果。

本书具有较强的理论性和系统性,对重要的理论和方法进行了分析;同时具有较强的逻辑性,重点突出,条理清晰,按照由浅入深、从理论到实验的顺序进行介绍。

本书可以作为光学、通信等相关专业高年级本科生、研究生以及教师的辅助教材,同时本书对于想要快速了解基于后/前向受激布里渊散射的布里渊光纤激光器和全光光机械微波光子振荡器的初中级用户和自学者以及相关的研发人员具有一定的参考价值。

图书在版编目(CIP)数据

布里渊光纤振荡器理论及应用 / 刘毅著. --西安:西安电子科技大学出版社,
2023.10
ISBN 978 - 7 - 5606 - 7105 - 5

Ⅰ.①布… Ⅱ.①刘… Ⅲ.①布里渊散射—应用—光纤通信—研究
Ⅳ.①TN929.11

中国国家版本馆 CIP 数据核字(2023)第 199717 号

策　　划　明政珠
责任编辑　孟秋黎
出版发行　西安电子科技大学出版社(西安市太白南路2号)
电　　话　(029)88202421　88201467　　　邮　编　710071
网　　址　www.xduph.com　　　　　　电子邮箱　xdupfxb001@163.com
经　　销　新华书店
印刷单位　陕西日报印务有限公司
版　　次　2023年10月第1版　2023年10月第1次印刷
开　　本　787毫米×1092毫米　1/16　印张　8
字　　数　156千字
定　　价　55.00元
ISBN 978 - 7 - 5606 - 7105 - 5 / TN
XDUP 7407001 - 1

前　言

光纤中的散射过程主要有三种,分别是布里渊散射、拉曼散射与瑞利散射,其中布里渊散射是光波与声波在光纤中传播时相互作用而产生的散射。布里渊散射是一种非弹性散射(光的散射频率不等于入射频率),由于它具有阈值低、增益带宽窄等优点,因此已被广泛应用于光纤通信系统、光纤激光器、快慢光技术、光纤传感和微波光子学领域。目前光纤激光器与微波光子学领域中的基于后/前向受激布里渊散射的光纤激光器和全光光机械微波光子振荡器已成为国内外学者研究的热点。布里渊光纤激光器可以压窄泵浦光线宽,具有高信噪比,可广泛应用于光纤陀螺、光纤传感以及相干光通信系统中。相较于基于超窄带宽滤波器的布里渊光纤激光器,本书提到的具有复合腔结构和宇称-时间(Parity-Time,PT)对称的布里渊光纤激光器无须对超窄带宽滤波器进行精细调节,即可实现单纵模窄线宽激光输出;全光光机械微波光子振荡器能够压窄谐振腔本征线宽,输出低相噪可调谐微波信号,从而应用于高光谱纯度微波信号的生成、高灵敏度微波光子传感器和高分辨率微波光子雷达等民用和军事领域。

为了让更多的学生和受激布里渊散射的初学者能够快速掌握相关的理论和方法,作者结合多年的教学、科研和实践经验,编写了本书。

全书共 6 章,主要内容有绪论、光纤中的布里渊散射理论基础、布里渊光纤振荡器基础原理及性能指标、单纵模窄线宽布里渊光纤激光器、前向布里渊全光光机械微波光子振荡器、布里渊光纤激光微波光子滤波器。

本书详细介绍了布里渊光纤振荡器的基础理论及相关实验,主要涉及单纵模布里渊光纤激光器和全光光机械微波光子振荡器两类器件,同时介绍了窄线宽布里渊光纤激光器在高 Q 值微波光子滤波器中应用的实例。本书所提出的基于铌酸锂相位调制器 Sagnac 环的单纵模窄线宽 PT 对称布里渊光纤激光器可以在 Sagnac 环路单一谐振腔内实现基于偏振态多样化的 PT 对称,通过控制光的偏振态特性,调谐谐振腔的特征频率、增益、损耗和耦合系数,实现 PT 对称破缺。基于此概念设计的光纤环形激光器,无须高 Q 值光学滤波器,即可有效抑制激光边模,获得稳定的单纵模输出。基于前向受激布里渊散射的全光光机械微波光子振荡器,通过 Sagnac 环结构对光纤内激发的前向布里渊散射信号做相位调制到强度调制的转换,通过电光调制器和光电转换器实现信号反馈,利用前向布里渊散射增益带宽小的特点,结合环形谐振腔结构,实现窄线宽和单纵模输出。基于布里渊光纤激光谐振腔搭建窄线宽可调谐微波光子滤波器,所采用的布里渊光纤激光器不仅降低了布里渊增益谱的带宽,而且增加了微波光子滤波器的带外抑制,实现了具有高频率选择性、高 Q 值、窄线宽和高带外抑制比的微波光子滤波器。

本书以光纤布里渊散射理论为背景,本着由浅入深、循序渐进的原则详细介绍了基于布里渊散射的光纤激光器和全光光机械微波光子振荡器的理论基础、原理和相关实验。本书理论与实验相结合,以面向应用、提高动手能力为目标,可作为光学专业课程的参考教材。

　　本书作者为中北大学的一线教师,在编写本书的过程中得到了中北大学仪器与电子学院各位领导以及中北大学教务处、科研院的大力支持,还得到了王琳毅、许鑫、陈鹏飞、郭荣荣、宁钰、房新岳、刘莎七位同学的协助,在此一并表示衷心的感谢!

　　希望通过本书的阅读,读者能学有所得。同时,由于作者水平有限,时间仓促,书中不当之处在所难免,欢迎广大同行和读者批评指正。

刘　毅

2024 年 2 月

目　录

1

第1章　绪　　论

布里渊散射源于激光电场与分子或固体中的声波场的相互作用，也就是光子与声子的相互作用，又称为声子散射。布里渊散射是入射强激光场在介质中感应出强声波场，并被强声波场散射的一种非线性光学效应。由于声子散射的方向不同，布里渊散射又可以分为前向布里渊散射和后向布里渊散射两类。前向布里渊散射是光纤中重要的三阶非线性效应，是进行外界物质识别和分析研究光纤物理特性的有力手段；后向布里渊散射拥有阈值低、线宽窄等特点，多被应用于微波光子学、激光雷达等领域。目前光纤激光器与微波光子学领域中的基于后/前向受激布里渊散射的光纤激光器和全光光机械微波光子振荡器已成为国内外学者研究的热点。极高相干性、极窄线宽和高稳定性是后向布里渊光纤激光器的关键特性，这些特性使布里渊光纤激光器在许多领域展示出较好的应用潜力，特别是在激光线宽窄化、微波信号产生和光学转动传感等领域。具有高 Q 值或窄线宽的全光光机械微波光子振荡器能够提供高频率选择性，是实现"高品质拾音""高清晰成像"的必要条件，在高光谱纯度微波信号产生、高灵敏度微波光子传感器和高分辨率微波光子雷达等领域也有迫切的需求。

1.1 后向布里渊散射的发展及布里渊光纤激光器的研究现状

受激布里渊散射(Stimulated Brillouin Scattering，SBS)是入射到介质中的高强度光波与介质由于电致伸缩效应产生的弹性声波相互作用的结果。自 1972 年 E. P. Ippen 等人首次观察到光纤中的受激布里渊散射以来，人们对受激布里渊散射在理论和实验上进行了广泛的研究。光纤中的受激布里渊散射所需要的泵浦功率远低于自发拉曼散射所需要的泵浦功率，入射光功率一旦达到布里渊散射阈值，入射光的大部分能量就转换为后向传输的斯托克斯(Stokes)光。在光通信系统中，受激布里渊散射通常会对系统传输造成危害。但是光纤中的受激布里渊散射的非线性特性，使其在光纤传感、微波光子学以及光纤激光器等方面有着广泛的应用，目前单纵模布里渊光纤激光器是受激布里渊散射的一个研究热点。

文献中报道的单纵模布里渊光纤激光器一般基于四种结构：单 2×2 光耦合器(见图1-1)、光环形器(见图 1-2)、非对称的马赫-曾德尔干涉仪(见图 1-3)以及光纤布拉格光栅(Fiber Bragg Grating，FBG)的法布里-珀罗腔(Fabry-Pérot cavity，FP 腔)(见图1-4)。这些结构的作用有三个：一是用来分离泵浦光和布里渊激光，二是作为布里渊光纤激光器

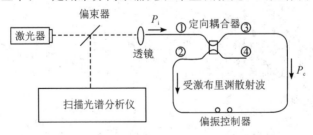

图 1-1 基于单 2×2 光耦合器的布里渊光纤激光器

的谐振腔，三是对激发的模式进行选择。由于布里渊增益谱带宽为 20 MHz，因此谐振腔环长一般选择10～20 m。

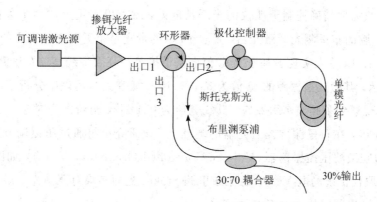

图 1-2 基于光环形器的布里渊光纤激光器

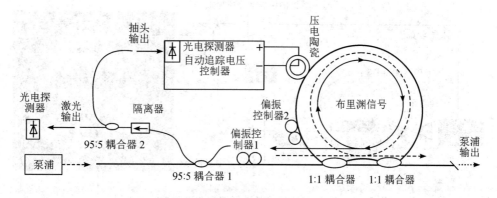

图 1-3 基于非对称的马赫-曾德尔干涉仪的布里渊光纤激光器

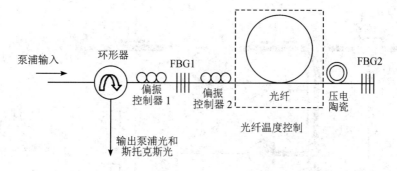

图 1-4 基于光纤布拉格光栅的法布里-珀罗腔的布里渊光纤激光器

设计激光器时需要满足以下两个条件：

（1）为了让泵浦光不发生谐振，光波频率不需要对准谐振腔基频，泵浦光只需在谐振腔中环绕一周；

（2）为了满足激光器谐振的条件，受激布里渊光需要多次环绕谐振腔并发生谐振。

对于基于单 2×2 光耦合器的布里渊光纤激光器，只需一个耦合器就可以满足上述两个条件；对于基于光环形器的布里渊光纤激光器，两个条件都满足，但是如果想获得大功率的激光器，则需要选择大功率的环形器；对于基于非对称的马赫-曾德尔干涉仪的布里渊光纤激光器，只需要精确控制干涉仪的光纤长度差，就可以满足上述两个条件；而对于基于 FBG 的 FP 腔的布里渊光纤激光器，要求 FBG 的带宽是布里渊增益大小的 $1/(2\pi)$。

2012 年，J. Li 等人实现了基于高 Q 值硅基谐振腔的高效窄线宽的布里渊微腔激光器，如图 1-5 所示。其微环谐振腔的 Q 值为 8.75×10^8。研究人员用理论分析了此激光器的线宽关系式，也观察到了频率牵引效应，其线宽值为 0.1 Hz，刷新了当时芯片级激光器的线宽纪录。2013 年，在布里渊微腔激光器的基础上，该研究小组通过压控调节泵浦光，又实现了布里渊微腔微波压控振荡器（Voltage Controlled Oscillator，VCO），如图 1-6 所示。该 VCO 能够取代传统的电 VCO。由于布里渊 Stokes 光的相噪对泵浦光不敏感，因此其相噪并不会随着输出频率的增加而增加。

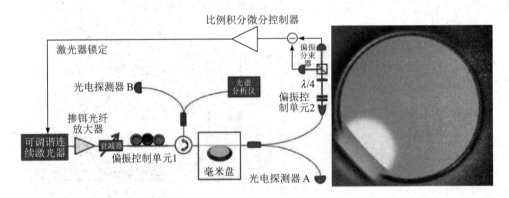

图 1-5　基于高 Q 值硅基谐振腔的布里渊微腔激光器

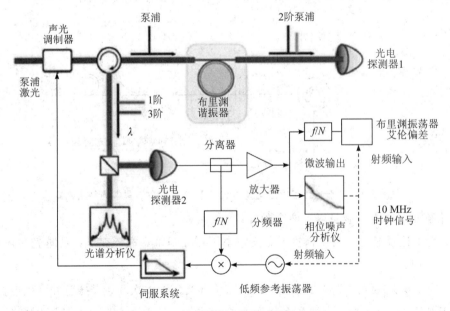

图 1-6　布里渊微腔微波压控振荡器

布里渊光纤激光器的应用主要集中在以下几个方面。

1. 光滤波器

2010 年 E. H. W. Chan 等人基于单光载波和多路色散介质结构，设想利用 Sagnac 环和光放大器形成无限抽头光滤波器，但因移频器的频移量和环外波长受限于元件带宽，实际形成了有限抽头(频率互不相同)光滤波器，如图 1-7 所示。其中输入信号为射频(RF)信号，抽头系数呈凯塞型，滤波器 Q 值为 80，带外抑制比为 70 dB。2016 年，F. Jiang 等人在此前的光路中增加了一路光载波，两路各自形成单通带光滤波器，如图 1-8 所示。精细调节下可调谐半导体激光器(TLS1 和 TLS2)的波长使光载波分别位于法布里-珀罗半导体放大器(FP-SOA)特定分立增益谱的 ±1 阶边带位置，最终获得的两个单通带光滤波器在中心频点处相加，在其他频率处相减，从而获得 76.3 dB 的带外抑制比且实现了 4~16 GHz 的调谐范围。

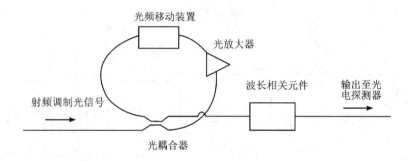

图 1-7　利用 Sagnac 环和光放大器形成的高带外抑制比的有限抽头光滤波器

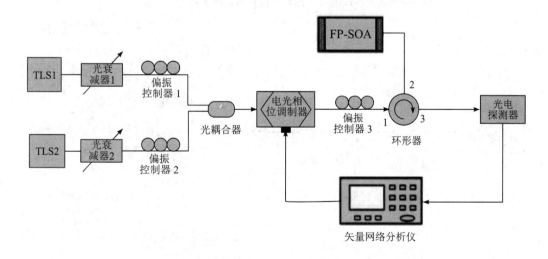

图 1-8　光域相减实现高带外抑制比的单通带光滤波器

2. 微波光子滤波器

上海交通大学光纤通信实验室以商业实用的分布式反馈激光器(Distributed Feedback

laser，DFB laser)为泵浦光，利用级联的布里渊光纤激光器实现了 10 GHz 的微波光子滤波器，如图 1-9 所示。他们在实验中没有采用任何频率锁定的稳定系统而实现了系统的稳定，并通过实验证明了其稳定性。而浙江大学电信学院将基于 FBG 的 FP 腔与布里渊增益谱相结合，提出了双频布里渊光纤激光器的设计，其结构如图 1-4 所示。该研究团队通过理论分析得出了在一定条件下可以获得高阶的微波光子的结论，得到了最高为 33 GHz 的微波光子，并通过实验证明了 11 GHz 微波光子的可调性。布里渊光纤激光器在微波光子中的另一种应用是基于组合光纤环形谐振腔，即在谐振腔中放入两种不同的光纤(单模光纤和真波光纤)，根据不同光纤产生的布里渊频移不同的原理，可获得双向的双波长布里渊光纤激光器，如图 1-10 所示。该激光器有潜力应用到布里渊光纤陀螺中。X. Steve Yao 在 1997 年提出了用布里渊选择放大技术取代高成本的电放大器的方案，实现了全光的光电振荡器(Optoelectronic Oscillator，OEO)，如图 1-11 所示，减小了相噪和 $1/f$ 噪声。

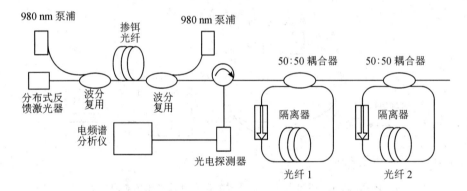

图 1-9　利用级联的布里渊光纤激光器实现的微波光子滤波器

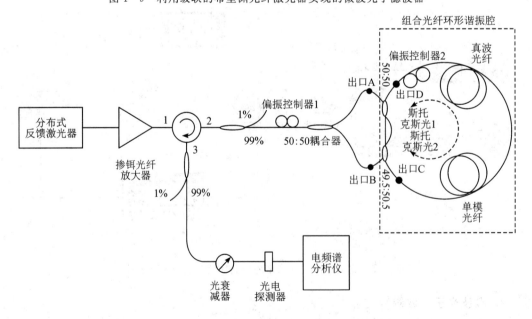

图 1-10　基于组合光纤环形谐振腔的双向双波长布里渊光纤激光器

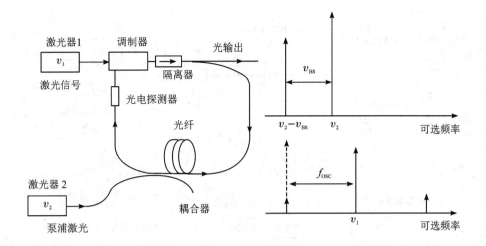

图 1-11 基于布里渊散射的高 Q 值光电振荡器

2008 年，J. H. Geng 等人利用双独立的掺铒光纤激光器作为泵浦光源，实现了低噪声可调谐的射频/微波光信号，如图 1-12 所示。一方面由于布里渊光纤谐振腔具有线宽压窄效应，另一方面由于双泵浦光共用一个谐振腔而减小了共同的模式噪声，因此该方案最终获得了高稳的频率输出，双泵浦光的可调性约为 1.4 GHz/℃，拍频频率量级为 MHz 到 100 GHz，阿伦方差测试结果显示频率稳定性在 Hz 量级。2011 年，G. Ducournau 等人利用便携式双波长布里渊光纤激光器和 1.55 μm 的光混频器，实现了线宽为 kHz 量级的亚毫米波信号，如图 1-13 所示，316 GHz 的信号具有大于 65 dB 的信噪比和约为 1 kHz 的线宽，与 1.7 GHz 的信号具有相同的相噪。相对于电振荡器，该激光器具有更为优越的相噪和可调度。

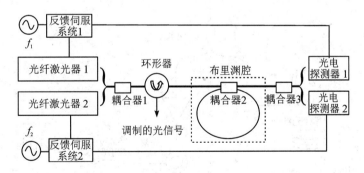

图 1-12 基于双独立的掺铒光纤激光器的低噪微波信号的产生

3. 光放大和光延时

2006 年，L. L. Yi 等人利用布里渊/掺铒组合的放大机制实现了光放大，如图 1-14 所示。由于布里渊放大器的特性，相对于掺铒光纤放大器(Erbium-doped Fiber Amplifier，EDFA)，在大于 200 MHz 位置处，此放大器的相对强度噪声减小了 10 dB。利用此放大机制，泵浦光 DFB 的无寄生动态范围降低了 7.7 dB。

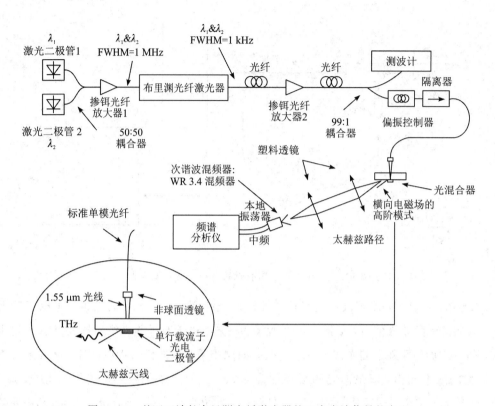

图 1-13 基于双波长布里渊光纤激光器的亚毫米波信号的产生

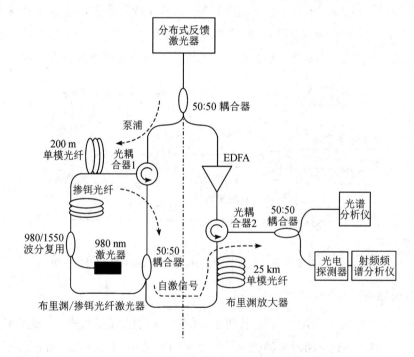

图 1-14 基于布里渊/掺铒组合的放大机制的光放大

2008 年，Luc Thévenaz 创新性地应用多泵浦光波长，激发不同组合的布里渊增益谱和布里渊损耗谱，实现了光纤中快光与慢光任意可调，即实现了光延时，如图 1-15 所示。

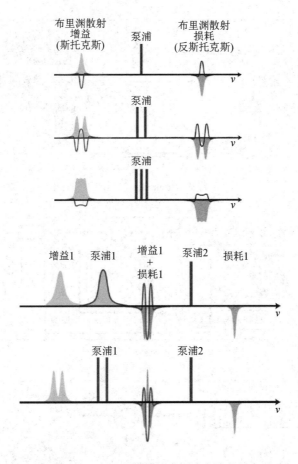

图 1-15 基于布里渊散射的多泵浦光波长的光延时

布里渊光纤激光器(Brillouin Fiber Laser，BFL)在光通信系统、光双稳性和分布式光纤传感中的应用也得到了广泛的研究。利用受激布里渊散射效应拥有的窄线宽和高信噪比的特性，可以得到各种实现窄线宽单纵模布里渊光纤激光器的方案，如图 1-16 所示。2013年，H. Ahmad 等人设计了 0.7 kHz 超窄线宽的单纵模布里渊光纤激光器，如图 1-16(a)所示，它采用 100 m 高非线性光纤作为非线性介质，使用 Sagnac 回路的自动跟随的窄线宽滤波器实现激光器的单纵模输出。注入激光锁定是缩小布里渊增益谱线宽度的一种方法，2021 年 V. V. Spirin 等人将分布式反馈激光器注入 11 m 高 Q 值光纤环形腔中，通过布里渊谐振方法将线宽压窄至 400 Hz，如图 1-16(b)所示。2017 年，刘毅等人提出了一种线宽为 65 Hz 的基于复合腔结构的三环布里渊光纤激光器，三环分别由 1 km 单模光纤、100 m 单模光纤和带有 8 m 掺铒光纤的饱和吸收环谐振腔组成，如图 1-16(c)所示。2019 年，W. Loh 等人利用 2 m 光纤的高 Q 值环形光学谐振腔，实现了线宽为 20 Hz 的超窄布里渊光纤激光器，如图 1-16(d)所示。我们可以通过增加激光器的腔长，来提高布里渊光纤激光器的 Q 值。然而长腔激光器的模式竞争导致难以获得单纵模激光输出。此外，如果使用超窄带通滤波器来压窄布里渊增益频谱，则需要精确控制带通滤波器的变化，具有较高的成本和操作难度。

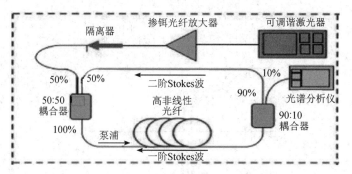

(a) 基于 Sagnac 回路的窄线宽滤波器

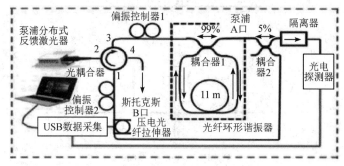

(b) 基于注入激光锁定

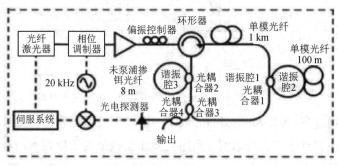

(c) 基于复合腔结构

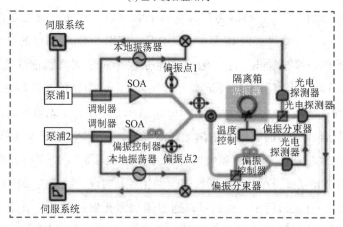

(d) 基于高 Q 值环形腔

图 1-16　各种实现窄线宽单纵模布里渊光纤激光器的方案

1.2　前向布里渊散射的发展及微波光子发生器的研究现状

　　1985 年 R. M. Shelby 首次提出了标准单模光纤(Single Mode Fiber，SMF)内的前向自发布里渊散射，并将其命名为导声波布里渊散射(Guided Acoustic Wave Brillouin Scattering，GAWBS)。该研究团队系统地研究了光纤介质内由热噪声激发的横向声学模和输入泵浦光的相互作用，将发生在单模光纤内的 GAWBS 与弹性圆柱体的机械振动结合考虑，提出了 GAWBS 的声波模式包括径向辐射 R_{0m} 模式和扭转径向 TR_{2m} 模式，并且 R_{0m} 模式对光场只做相位调制，而 TR_{2m} 模式对光场同时做相位和偏振调制。两种模式的 GAWBS 探测结果分别如图 1-17(a)和图 1-17(b)所示。自此，对前向受激布里渊散射(Forward Stimulated Brillouin Scattering，FSBS)的研究正式开始。

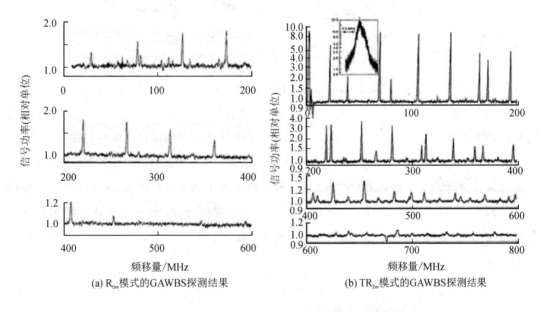

(a) R_{0m} 模式的GAWBS探测结果　　　　(b) TR_{2m} 模式的GAWBS探测结果

图 1-17　两种模式的 GAWBS 探测结果

　　由于 FSBS 在一些特殊结构的光纤内的声光能量重叠面积大，能够产生强烈的声光耦合作用，因此基于光纤的 FSBS 形成被动锁模光纤激光器或者利用 OEO 产生微波光子信号已受到广泛关注和探究。1993 年 A. B. Grudinin 课题组利用 60 m SMF 被动锁模形成光纤孤子环形激光器，实验装置如图 1-18(a)所示。在 200 MHz 到 1 GHz 的频率范围内，可以观察到基频为 914 MHz、对应 285 阶谐波、重复率稳定在 1.4 ps 的有限孤子脉冲，1.4 ps 孤子的光谱和激光输出射频频谱分别如图 1-18(b)、图 1-18(c)所示。研究者们认为，这种自稳定现象的关键物理机制在于长程孤子之间的相互作用效应。

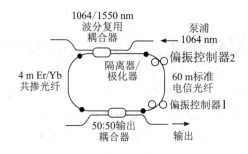

(a) 实验装置

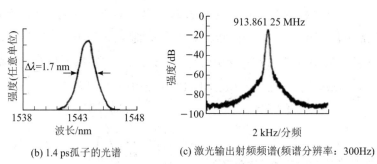

(b) 1.4 ps孤子的光谱　　(c) 激光输出射频频谱(频谱分辨率：300Hz)

图 1-18　基于 SMF 被动锁模形成的光纤孤子环形激光器研究

2009 年 M. S. Kang 课题组研究了光子晶体光纤(Photonic Crystal Fiber，PCF)中的 FSBS，相关内容如图 1-19 所示。研究发现，PCF 中特殊的周期性排列的空气孔包层结构，可以限制声波在纤芯中传播，进而产生强烈的声光耦合作用。实验中采用纤芯直径为 1.8 μm、长度为 10 m 的 PCF，测得其激发的 R_{01} 阶 FSBS 声学模式的增益系数为 1.5 $m^{-1}W^{-1}$。并且当注入频率差为 R_{01} 阶声学模式、功率为毫瓦量级的双频光时，光子晶体内的两频率成分会出现明显的能量转移。当注入功率足够高时，可以产生级联的高阶 Stokes 和反 Stokes 光。

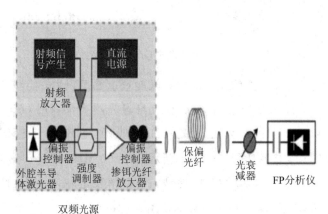

(a) 实验装置

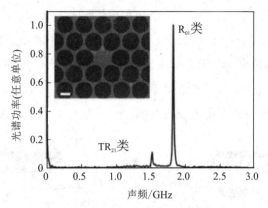

(b) 实验中测得的光子晶体光纤中 R_{01} 阶声学共振谱

图 1-19　光子晶体光纤中的 FSBS 研究

2013 年该课题组提出了一种被动锁模掺铒光纤激光器，其锁模基频为 1.80 GHz，对应于腔往返频率的 337 阶。此激光器的实验装置如图 1-20(a)所示。该激光器充分利用了 PCF 中的类拉曼（Raman-like）声光相互作用，在足够高的泵浦功率下，将锁模脉冲激光输出频率锁定到与声学频率对应的重复频率上。在 60 mW 的泵浦功率下，该激光器获得了一个边模抑制比（Side-Mode Suppression Ratio，SMSR）高于 45 dB 的稳定光脉冲序列，其频域谱如图 1-20 所示。

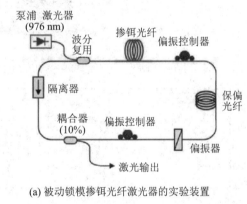

(a) 被动锁模掺铒光纤激光器的实验装置

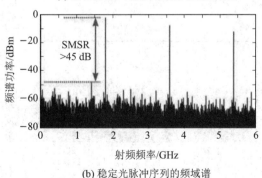

(b) 稳定光脉冲序列的频域谱

图 1-20　1.80 GHz 的被动锁模掺铒光纤激光器研究

　　2015 年彭蒙课题组报道了一种基于光子晶体光纤内千兆赫兹声共振的稳定亚皮秒孤子光纤激光器,相关研究如图 1 - 21 所示。在 60 m 的光子晶体光纤中,该激光器形成了基频为 2 GHz 的高次谐波锁模。由于光和振动的紧密限制,光机械的相互作用被强烈增强,长寿命的声振动提供了光子晶体光纤核心折射率的强调制,从而固定了激光腔中的孤子间距,实现了在千兆赫兹重复频率下的稳定锁模。

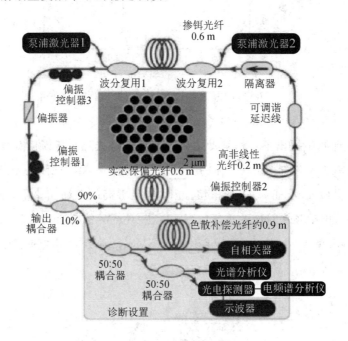

(a) 稳定的亚皮秒孤子光纤激光器的实验装置

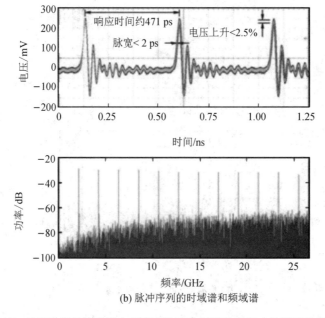

(b) 脉冲序列的时域谱和频域谱

图 1 - 21　基于光子晶体光纤内千兆赫兹声共振的稳定亚皮秒孤子光纤激光器研究

同年，何文斌报道了一种波长可调谐的孤子光纤激光器，相关研究如图 1-22 所示。该激光器通过光子晶体光纤将声波频率稳定在 1.88 GHz，对应腔往返频率的 398 阶谐波，并通过激光腔内的滤波器将激光波长从 1532 nm 连续调谐到 1566 nm，同时保持稳定的高谐波锁模。

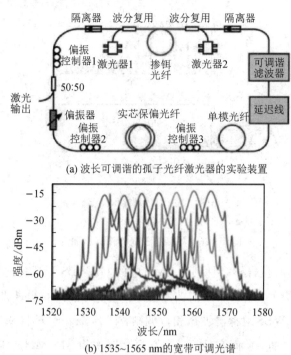

(a) 波长可调谐的孤子光纤激光器的实验装置

(b) 1535~1565 nm 的宽带可调光谱

图 1-22　波长可调谐的孤子光纤激光器研究

2016 年彭蒙课题组报道了一种掺铥孤子光纤激光器，相关研究如图 1-23 所示。在极短的光子晶体光纤中，该激光器通过强烈的光声相互作用实现被动锁模，基频为 1.446 GHz，对应于腔往返频率的 52 阶谐波。在这样强烈的光声相互作用下，该激光器确保了在 1.85 μm 波长下稳定和可重复的千兆赫兹脉冲序列的产生，此脉冲序列具有大于 50 dB 的边模抑制比和小于 120 fs 的低脉冲定时抖动。

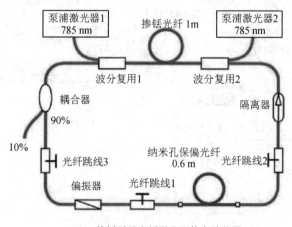

(a) 掺铥孤子光纤激光器的实验装置

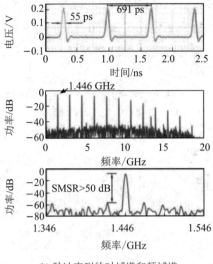

(b) 脉冲序列的时域谱和频域谱

图 1-23　掺铒孤子光纤激光器研究

2017 年 Y. London 报告了一种利用 SMF 中的 GAWBS 形成的电光机械射频振荡器，相关研究如图 1-24 所示。它利用泵浦波激发 SMF 中的前向布里渊散射，并在 Sagnac 环中打入探测波，其 GAWBS 对探测波做相位调制，再经 Sagnac 环将相位调制转换为强度调制并驱动反馈调制光泵浦，从而实现振荡。其振荡频率为 319 MHz，对应前向 R_{07} 阶极化模式的频率；其声模抑制比达到 40 dB，纵模抑制比达到 38 dB，并且线宽很窄，3 dB 线宽只有 300 Hz。

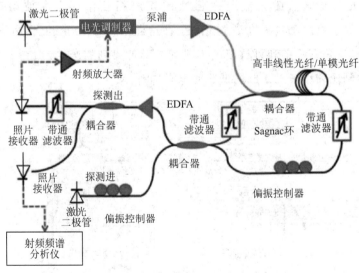

(a) 电光机械射频振荡器的实验装置

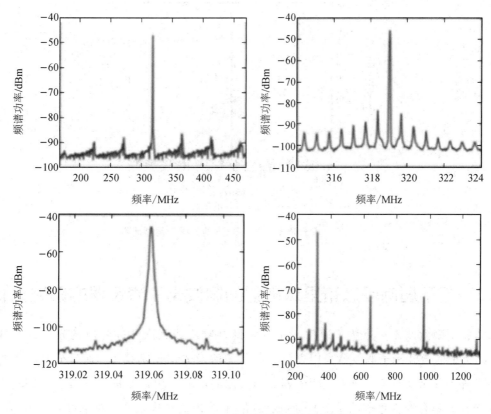

(b) 电光机械射频振荡器的频谱

图 1-24　利用 SMF 中的 GAWBS 形成的电光机械射频振荡器研究

2018 年，杨四刚课题组提出了一种基于 PCF 内 GAWBS 的光电振荡器，相关研究如图 1-25 所示。该课题组同样利用 Sagnac 环相位调制转强度调制的特性实现振荡，其振荡频率为 1.237 GHz，边模抑制比超过 60 dB。

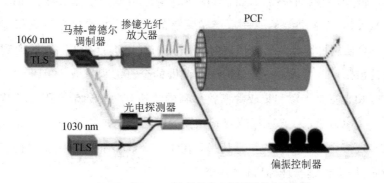

(a) PCF中GAWBS介导的光电振荡器的实验装置

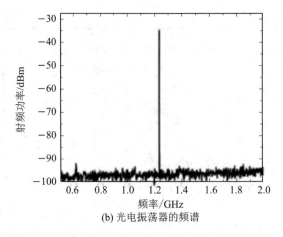

(b) 光电振荡器的频谱

图 1-25 基于 PCF 内 GAWBS 的光电振荡器研究

1.3 基于后向受激布里渊散射的微波光子滤波器的研究现状

非相干型微波光子滤波器通常基于有限脉冲响应或无限脉冲响应的光纤延迟线结构。此类型的微波光子滤波器采用离散数字化滤波及光谱切割技术,通过分割宽带光源或激光阵列等来实现多个抽头,两个相邻抽头之间的时延由调制信号在具有不同物理长度的光路或具有线性色散的单个光纤(或波导)中的传播来决定。一般来说,非相干型微波光子滤波器所用光源的相干时间小于抽头间的时延,且滤波器鲁棒性较好,对环境变化不敏感。

目前,国内外研究人员对有限脉冲响应微波光子滤波器进行了深入的研究,研究方案如图 1-26 所示。

2012 年,J. Chang 等人通过对锁模激光器产生的超连续谱源进行光谱切割,设计了一种消光比为 28.16 dB 的四抽头离散时间有限脉冲响应微波光子滤波器,如图 1-26(a)所示。2017 年,X. Zhu 等人提出了一种基于光频梳的有限脉冲响应微波光子滤波器,如图 1-26(b)所示。它使用可编程波形整形器对光频梳的频谱进行整形,能够实现具有线性相位响应的任意滤波形状和 0~13.88 GHz 频率范围的全可编程滤波。2019 年,N. Shi 等人提出一种基于非相干宽带光源和集成频谱整形器的快速开关单通带有限脉冲响应微波光子滤波器,如图 1-26(c)所示。它通过改变光开关的驱动电压,在 0.058~1.88 nm 的自由光谱宽度内可以实现多个光谱形状的灵活切换,在 1~12 GHz 的宽调谐范围内实现了开关速度为 1.4 kHz 的快速开关,边模抑制比为 35 dB。

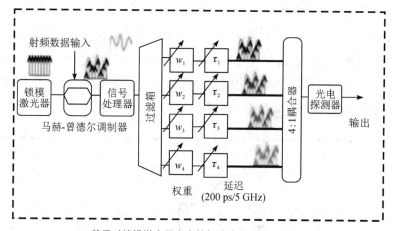

(a) 基于对锁模激光器产生的超连续谱源进行光谱功割

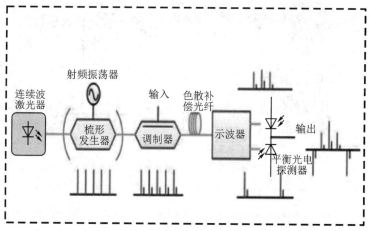

(b) 基于光频梳

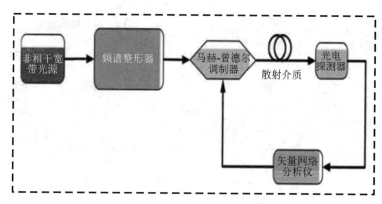

(c) 基于非相干宽带光源和集成频谱整形器

图 1 - 26　有限脉冲响应微波光子滤波器的研究方案

　　此外，无限脉冲响应微波光子滤波器也被广泛研究，研究方案如图 1 - 27 所示。2010 年，E. Xu 等人提出了一种基于两个有源环路的无限脉冲响应微波光子滤波器，如图 1 - 27(a)所示。它利用半导体光放大器在一个回路中对放大后的自发发射光谱进行交叉增益调制，实现波长转换，可以避免两个回路中不同抽头的调制光信号之间的干扰，从而实现滤波器的稳定传输特性，使其达到 3338 的 Q 值和约 40 dB 的抑制比。2013 年，J. Liu 等人提出了一种基于级联无限脉冲响应滤波器与游标效应的微波光子滤波器，如图 1-27(b)所示。每个无限脉冲响应滤波器都包括反馈回路中的光学信号和电子信号，游标效应使得级联滤波器的自由光谱宽度和 Q 值得到显著改善，测得 Q 值为 4895.31。

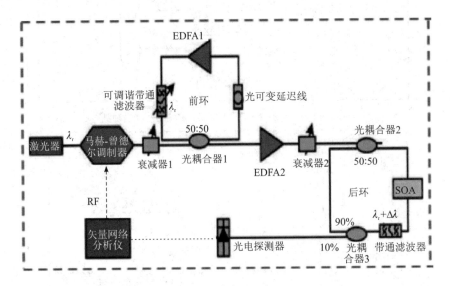

(a) 基于两个有源环路

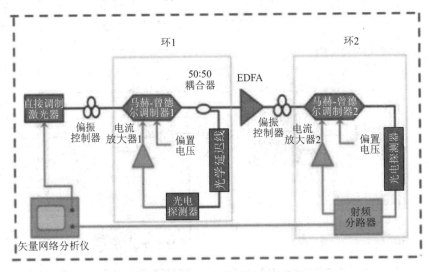

(b) 基于级联无限脉冲响应滤波器与游标效应

图 1-27　无限脉冲响应微波光子滤波器的研究方案

相比于非相干型微波光子滤波器的性能受限于宽带非相关光源或激光阵列，相干型微波光子滤波器通常基于单光源系统，在光域内利用光纤布拉格光栅、环形谐振腔和受激布里渊散射等光学滤波技术直接对加载了射频信号的光信号进行滤波处理。因此，相干型微波光子滤波器不受光源相干度的影响，滤波系统较为稳定，结构简单，可以实现单通带频率响应及宽带可调谐。

　　基于光纤布拉格光栅的微波光子滤波器的研究方案如图 1-28 所示。2012 年，W. Li 等人提出了一种实现基于相移光纤布拉格光栅(Phase-Shift Fiber Bragg Grating，PS-FBG)的窄通带和频率可调谐微波光子滤波器的新方法，如图 1-28(a)所示。该方法通过制造两个具有不同反射带宽的相移光纤布拉格光栅和在光栅中心引入不同相移值，使滤波器的 3 dB 带宽分别为 120 MHz 和 60 MHz，可调范围分别为 5.5 GHz 和 15 GHz 以内。2014 年，L. Gao 等人利用相位调制器(Phase Modulator，PM)和等效相移光纤布拉格光栅实现了一种基于相位调制到强度调制转换的双通带微波光子滤波器，此双通带滤波器的带宽为 3 dB，通带 1 和 2 的频率可调范围分别为 5.4 GHz 和 7.4 GHz 以内。2018 年，N. Shi 等人利用多波长激光器和多通道相移光纤布拉格光栅实现了柔性可重构的微波光子滤波器，如图 1-28(b)所示。其中心频率调谐范围为 1～5 GHz，通带带宽从 35 MHz 扩展到 135 MHz。2021 年，X. Li 等人提出了一种采用双向调制线性啁啾光纤布拉格光栅(Linear Chirp Fiber Bragg Grating，LCFBG)的大色散连续可调谐微波光子滤波器，如图 1-28(c)所示。它将自由光谱宽度从 33.6 MHz 调整到 37.6 MHz，具有亚 MHz 精度，可调范围为 100 MHz 以上。

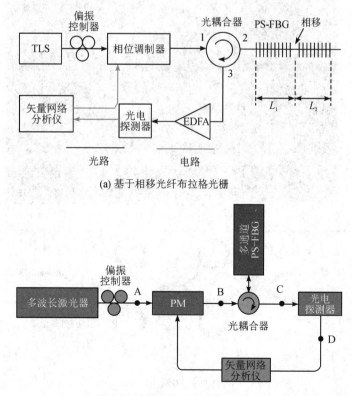

(a) 基于相移光纤布拉格光栅

(b) 基于多波长激光器和多通道相移光纤布拉格光栅

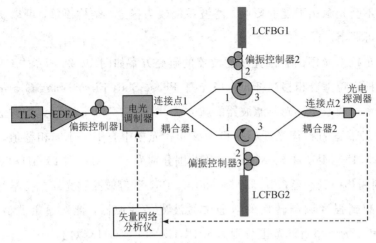

(c) 基于双向调制线性啁啾光纤布拉格光栅

图 1 - 28　基于光纤布拉格光栅的微波光子滤波器的研究方案

　　基于环形谐振腔的微波光子滤波器也被广泛研究,研究方案如图 1 - 29 所示。2013 年,
D. Marpaung 等人提出了一种基于氮化硅微环谐振腔的微波光子滤波器,实现了具有大于

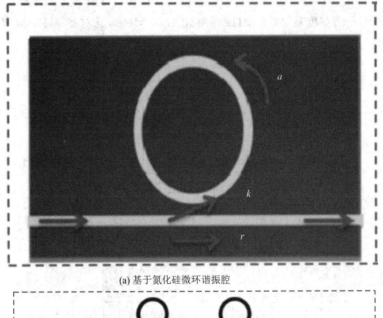

(a) 基于氮化硅微环谐振腔

(b) 基于氮化硅波导平台

图 1 - 29　基于环形谐振腔的微波光子滤波器的研究方案

60 dB 的超高峰值抑制、247～840 MHz 的可调谐高分辨率带宽以及 2～8 GHz 的陷波频率调谐的微波光子陷波滤波器，如图 1-29(a)所示。图中 a 为往返损耗，r 为自耦合系数，k 为透射系数，且 $r^2 = 1 + k^2$。2018 年，Q. Sun 等人提出了一种基于氮化硅波导平台的可编程微波光子滤波器，如图 1-29(b)所示。其基本单元是双环耦合马赫-曾德尔调制器 (Mach-Zehnder Modulator，MZM)，其中每个臂都装有一个环形谐振腔，滤波器中心波长可在 29 GHz 自由光谱宽度内调谐，带宽可在 790 MHz 到 8.87 GHz 范围内调谐。

　　上述研究方案可以消除非相干型微波光子滤波器的周期性频率响应，实现单通带滤波，但却无法实现窄带滤波。而受激布里渊散射可以产生 MHz 量级的窄带增益谱，因此基于受激布里渊散射的微波光子滤波器具有极高的分辨率。此外，还可以通过对泵浦光中心波长的调谐，实现滤波器的调谐。因此基于受激布里渊散射的微波光子滤波器引起了研究者的极大兴趣，研究方案如图 1-30 所示。2011 年，W. Zhang 等人提出了一种基于双边带载波抑制的连续可调谐单通带高分辨率微波光子滤波器，如图 1-30(a)所示。该微波光子滤波器使用相位调制光信号和双边带抑制载波泵浦光，在 1～20 GHz 频率范围内可调谐，其 3 dB 带宽仅为 20 MHz，且带外抑制比为 31 dB。2014 年，S. Hu 等人提出了一种基于光纤布拉格光栅结构的超宽可调单通带微波光子滤波器，如图 1-30(b)所示。该微波光子滤波器将射频振荡的频率变化映射到射频滤波器的中心频率上，滤波带宽约为 20.6 MHz，调谐范围为 20 GHz 以内，带外抑制比大于 30 dB。2018 年，Z. Yan 等人提出了一种基于双光纤结构的带宽可调谐的单通带微波光子滤波器，如图 1-30(c)所示。该微波光子滤波器的中心频率位于 21.4 GHz 处，3 dB 带宽为 38 MHz，带外抑制比超过 30 dB。2018 年，H. S. Wen 提出了一种基于光纤环形谐振腔、压窄布里渊增益谱的可调谐的超高 Q 值单通带微波光子滤波器，如图 1-30(d)所示。其 3 dB 带宽为 (825 ± 125) kHz，实现了 2～16 GHz 的宽中心频率调谐范围。

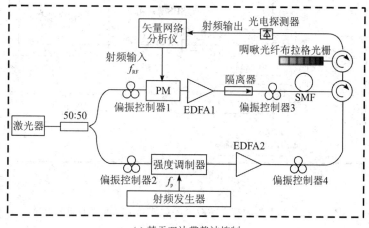

(a) 基于双边带载波抑制

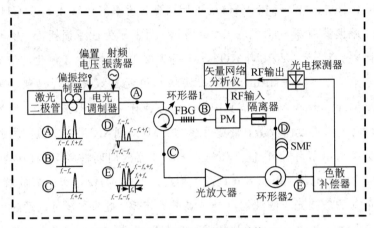

(b) 基于光纤布拉格光栅结构

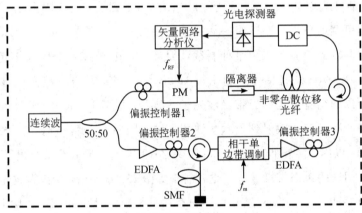

(c) 基于双光纤结构

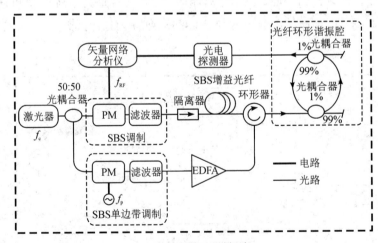

(d) 基于光纤环形谐振腔

图 1-30　基于受激布里渊散射的微波光子滤波器的研究方案

第 2 章　光纤中的布里渊散射理论基础

光纤介质中的光散射过程包括光的自发散射和光的受激散射两类，其中光的自发散射是由光纤介质内的热激发引起的，即入射光耦合进入光纤介质中，由于热辐射，一部分光能量偏离原来的传播方向，向空间其他任意方向弥漫，如图 2-1 所示。

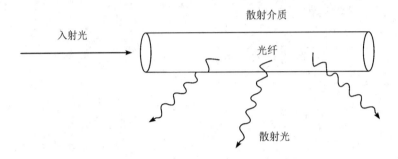

图 2-1　光的自发散射

研究者按引起介质光学非均匀性的不同，将光的自发散射分成三类，分别是：瑞利散射（Rayleigh scattering）、拉曼散射（Raman scattering）和布里渊散射（Brillouin scattering），其光谱如图 2-2 所示。

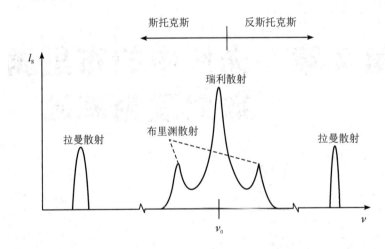

图 2-2　光的自发散射光谱

布里渊散射可以被经典地描述为介质中的声波和光波相互作用，形成声子的散射现象。根据声子散射的方向不同，布里渊散射又可以分为前向布里渊散射（Forward Brillouin Scattering，FBS）和后向布里渊散射（Backward Brillouin Scattering，BBS）。一般后向布里渊散射频移量在 10 GHz 左右，而前向布里渊散射频移量在 1 GHz 以内。

2.1　光纤中后向布里渊散射理论描述

在光纤中，一般提到的布里渊散射指的就是后向布里渊散射，因为后向布里渊散射比前向布里渊散射更容易发生，并且阈值功率非常低。这种低阈值的特性，使得后向布里渊散射成为光纤中主要的非线性过程,其示意图如图 2-3(a)所示。受激布里渊散射示意图如图 2-3(b)所示。

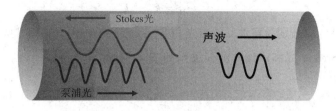

(a) 后向布里渊散射示意图

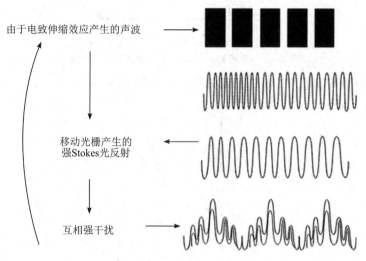

(b) 受激布里渊散射示意图

图 2-3　布里渊散射示意图

后向布里渊散射的机制是光纤中相向传输的泵浦光和 Stokes 光产生拍频,拍频信号通过光弹效应调制光纤折射率,形成移动的光栅,由于 Bragg 衍射作用,泵浦光发生后向散射,光栅以一定的速度与泵浦光同向运动,且光栅的速度为

$$v_{a} = \frac{c(\omega_{P} - \omega_{S})}{n(\omega_{P} + \omega_{S})} \tag{2-1}$$

式中,n 为光纤折射率,c 为真空中的光速,ω_{P}、ω_{S} 分别为泵浦光和 Stokes 光的频率。由于多普勒效应,散射光将发生频率下移,其频率与注入的 Stokes 光的频率不一致,所以泵浦光将能量转移到了声波和 Stokes 光波中。对于 1550 nm 波段的激光来说,光纤的布里渊频移量大致为 10.8 GHz。当泵浦光功率很高时,即使没有 Stokes 光的注入,也会产生后向受激布里渊散射。此时的泵浦光首先与光纤中由热噪声激发的纵模声波作用,产生自发布里渊散射,同时光纤通过电致伸缩产生声波场,声波场又增强了泵浦光的散射,产生了更强的 Stokes 光,这样的循环放大过程使得光纤内的自发布里渊散射转变为受激布里渊散射。

在后向受激布里渊散射中,能量和动量均满足守恒关系,因此泵浦光、Stokes 光和声波的频率、波矢分别满足以下关系式：

$$\Omega = \omega_P - \omega_S \tag{2-2}$$

$$\boldsymbol{q} = \boldsymbol{k}_P - \boldsymbol{k}_S \tag{2-3}$$

式中，Ω、ω_P 和 ω_S 分别为声波、泵浦光和 Stokes 光的频率，$\boldsymbol{q}$、$\boldsymbol{k}_P$ 和 $\boldsymbol{k}_S$ 分别是其对应的波矢。泵浦光、Stokes 光和声波的波矢关系如图 2-4 所示。

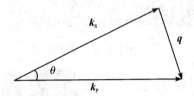

图 2-4 泵浦光、Stokes 光和声波的波矢关系

后向受激布里渊散射中的声子色散关系如图 2-5 所示。

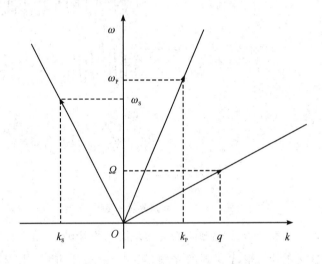

图 2-5 后向受激布里渊散射中的声子色散关系

后向受激布里渊散射中的标准声子色散关系满足曲线 $\Omega = q v_B$，其中 q 为声子波矢大小，v_B 为声速。假设泵浦光和 Stokes 光的波矢满足条件 $|\boldsymbol{k}_P| \approx |\boldsymbol{k}_S|$，那么根据图 2-4 的波矢关系，我们可以得到

$$|\boldsymbol{q}| \approx 2|\boldsymbol{k}_P| \sin\frac{\theta}{2} \tag{2-4}$$

$$\begin{cases} |\boldsymbol{k}_P| = \dfrac{2\pi n_P \omega_P}{c} \\[2mm] |\boldsymbol{q}| = \dfrac{2\pi \Omega}{v_A} \end{cases} \tag{2-5}$$

式中，n_P 是泵浦光的有效折射率，v_A 是光纤传播介质中的声速，θ 是泵浦光和 Stokes 光之间的夹角。由此计算出 Stokes 光的频移量为

$$\Omega = \omega_P - \omega_S = 2\omega_P \frac{n_P v_A}{c} \sin \frac{\theta}{2} \tag{2-6}$$

因为在波导介质中，我们一般只考虑正反参考方向，所以当泵浦光与 Stokes 光反向时，夹角 $\theta = \pi$，可得到布里渊散射产生的频移量为

$$\Omega_B = \frac{\Omega}{2\pi} = \frac{2n_P v_A}{\lambda_P} \tag{2-7}$$

由式(2-7)可以看出，后向 Stokes 光的频移量与入射泵浦光有关，且 Stokes 光与泵浦光方向相反，与声波方向相同。在一般的标准单模光纤中，泵浦光波长 λ_P 通常为 1550 nm，有效折射率 n_P 为 1.45，声速 v_A 为 5960 m/s，因此计算出布里渊频移量为 10 GHz 左右。

受激布里渊散射满足的规律可以通过光波满足的麦克斯韦方程和声波满足的物质密度方程来得到。通过麦克斯韦方程可以得到以下方程：

$$\frac{\partial^2 \rho}{\partial t^2} - \Gamma \nabla^2 \frac{\partial \rho}{\partial t} - v_L^2 \nabla^2 \rho = \nabla \cdot f = -\frac{1}{2} \varepsilon_0 \gamma_e \nabla^2 \overline{E^2} \tag{2-8}$$

式中，Γ 为阻尼因子，$\Gamma = \eta_{11}/\rho$；v_L 是纵模声速；ε_0 是真空介电常数；γ_e 为电致伸缩系数，$\gamma_e = n^4 p_{12}$，其中 p_{12} 是光弹性张量分量。式(2-8)第二个等号右边代表的是声波的驱动源，与电致伸缩作用有关。

假设泵浦光电场为

$$E_P(r, z, t) = E_0(r) A_P(z, t) e^{i(\omega_P t - k_P z)} + \text{c.c.} \tag{2-9}$$

Stokes 光电场为

$$E_S(r, z, t) = E_0(r) A_S(z, t) e^{i(\omega_S t - k_S z)} + \text{c.c.} \tag{2-10}$$

式(2-9)和式(2-10)中，c.c. 表示前一项的复共轭；$E_0(r)$ 为归一化光电场模场分布，$\int_0^\infty \int_0^{2\pi} E_0^2(r) r dr d\phi = 1 \text{ m}^2$；$A_P$ 是泵浦光电场强度；A_S 是 Stokes 光电场强度。于是总电场为

$$E(r, z, t) = E_P(r, z, t) + E_S(r, z, t) \tag{2-11}$$

将式(2-9)到式(2-11)分别代入式(2-8)中，则式(2-8)第二个等号右边化为

$$-\frac{1}{2} \varepsilon_0 \gamma_e \nabla^2 \overline{E^2} = i \frac{k_P}{2} \varepsilon_0 \gamma_e E_0^2(r) \left(\frac{A_P(z, t)}{\partial z} \right)^2 e^{i(\omega_P t - k_P z)} + \text{c.c.} \tag{2-12}$$

式(2-12)中忽略了光电场横向分布导致的驱动项，因为相比之下轴向的变化更为剧烈(轴向变化周期小于 1 μm)，因而 $\nabla_\perp^2 E_0^2(r)$ 分量影响很小。

根据偏微分方程理论，式(2-8)声波解的表达式为

$$\rho(r, z, t) = \rho_0(r) Q(z, t) e^{i(\Omega t - qz)} + \text{c.c.} \tag{2-13}$$

式中，$\Omega = \omega_P - \omega_S$，$q = k_P - k_S$，$\rho_0(r)$ 为归一化的声模场分布，$Q(z, t)$ 为声波的位移。

将式(2-13)再次代入式(2-8)，合理近似后可以得到声波振幅的演化方程为

$$\frac{\partial Q}{\partial t} + \left[\frac{\Gamma_B}{2} - i(\Omega - \Omega_B) \right] Q = i \frac{\varepsilon_0 \gamma_e q^2}{2\Omega} \langle \rho_0(r) E_0^2(r) \rangle A_P A_S^* \tag{2-14}$$

式中，Γ_B 为受激布里渊散射的线宽，$\Gamma_B = q^2 \Gamma = \dfrac{1}{\tau_a}$，其中 τ_a 为声子寿命；算符 $\langle\rangle$ 指的是在光纤横截面内求积分；Q 是介质的密度变化，表征声波振幅。

光场满足方程

$$\frac{\partial^2 E}{\partial z^2} - \frac{n_{\text{eff}}}{c}\frac{\partial^2 E}{\partial t^2} = \frac{1}{\varepsilon_0 c^2}\frac{P^{\text{NL}}}{\partial t^2} \tag{2-15}$$

式中，n_{eff} 是光纤中的光场有效折射率；P^{NL} 是非线性极化强度，$P^{\text{NL}} = \dfrac{\varepsilon_0 \gamma_e \rho E}{\bar{\rho}}$，其中 $\bar{\rho}$ 为光纤密度。

将含有 $e^{i(\omega_P t - k_P z)}$ 和 $e^{i(\omega_S t - k_S z)}$ 的项分别整理后得到泵浦波和 Stokes 波的演化方程：

$$\begin{cases} \dfrac{\partial A_P}{\partial z} + \dfrac{n_{\text{eff}}}{c}\dfrac{\partial A_P}{\partial t} = \dfrac{i\omega_P \gamma_e}{2n_{\text{eff}} c\bar{\rho}}\langle\rho_0(r)E_0^2(r)\rangle A_S Q \\[4mm] -\dfrac{\partial A_S}{\partial z} + \dfrac{n_{\text{eff}}}{c}\dfrac{\partial A_S}{\partial t} = \dfrac{i\omega_S \gamma_e}{2n_{\text{eff}} c\bar{\rho}}\langle\rho_0(r)E_0^2(r)\rangle A_P Q^* \end{cases} \tag{2-16}$$

式中，Q^* 是介质密度变化的共轭。

考虑稳态情况，根据式(2-12)，声波振幅可以求解为

$$Q(z,t) = \frac{i\varepsilon_0 \gamma_e q^2}{2\Omega\left[\dfrac{\Gamma_B}{2} - i(\Omega - \Omega_B)\right]}\langle\rho_0(r)E_0^2(r)\rangle A_P A_S^* \tag{2-17}$$

将式(2-17)代入式(2-14)中，可以得到稳态的后向受激布里渊散射电场振幅耦合波方程为

$$\begin{cases} \dfrac{\partial A_P}{\partial z} = \dfrac{-\omega_P \varepsilon_0 \gamma_e^2 q^2}{4\Omega n_{\text{eff}} c\bar{\rho}}\langle\rho_0(r)E_0^2(r)\rangle^2 \dfrac{1}{\dfrac{\Gamma_B}{2} - i(\Omega - \Omega_B)}|A_S|^2 A_P \\[6mm] \dfrac{\partial A_S}{\partial z} = \dfrac{-\omega_S \varepsilon_0 \gamma_e^2 q^2}{4\Omega n_{\text{eff}} c\bar{\rho}}\langle\rho_0(r)E_0^2(r)\rangle^2 \dfrac{1}{\dfrac{\Gamma_B}{2} - i(\Omega - \Omega_B)}|A_P|^2 A_S \end{cases} \tag{2-18}$$

利用功率和电场的关系

$$P = 2\varepsilon_0 nc|A|^2 \int_0^\infty \int_0^{2\pi} E_0^2(r) r \,\mathrm{d}r \,\mathrm{d}\phi \tag{2-19}$$

可以得到功率耦合波方程为

$$\begin{cases} \dfrac{\mathrm{d}P_P}{\mathrm{d}z} = -g_0 \dfrac{\left(\dfrac{\Gamma_B}{2}\right)^2}{(\Omega - \Omega_B) + \left(\dfrac{\Gamma_B}{2}\right)^2} P_P P_S \\[8mm] \dfrac{\mathrm{d}P_S}{\mathrm{d}z} = -g_0 \dfrac{\left(\dfrac{\Gamma_B}{2}\right)^2}{(\Omega - \Omega_B) + \left(\dfrac{\Gamma_B}{2}\right)^2} P_P P_S \end{cases} \tag{2-20}$$

其中增益系数 g_0（量纲 $\mathrm{m^{-1}W^{-1}}$）为

$$g_0 = \frac{2\omega^3 \gamma_e^2}{\Omega c^4 \Gamma_B \bar{\rho}} \langle \rho_0(r) E_0^2(r) \rangle^2 \tag{2-21}$$

式中，$\omega = \omega_P \approx \omega_S$，线型 $L(\Omega) = \dfrac{\left(\dfrac{\Gamma_B}{2}\right)^2}{(\Omega - \Omega_B)^2 + \left(\dfrac{\Gamma_B}{2}\right)^2}$ 为洛伦兹型。因此我们可以观察到受激

布里渊散射的增益谱呈洛伦兹形。

2.2　光纤中前向布里渊散射理论描述

前向布里渊散射示意图如图 2-6 所示。泵浦光入射到介质光纤内，将产生导声波布里渊散射（GAWBS），也叫作前向自发布里渊散射。此时泵浦光与 Stokes 光在光纤内同向传输，产生的声波主要是横向声学模，是在光纤横截面沿着光纤轴径向传输的模式。由于泵浦光与 Stokes 光保持同向，泵浦功率的提高增加了前向布里渊散射的积累，所以 Stokes 光得到增强。随后与后向布里渊散射模式一样，泵浦光与前向 Stokes 光的干涉作用也增强，增强了声波和 Stokes 光波。

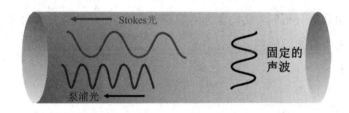

图 2-6　前向布里渊散射示意图

参与导声波布里渊散射的横向声学模式根据其位移方程的不同，可以分为径向辐射 R_{0m} 模式和扭转径向 TR_{2m} 模式。其中，径向辐射 R_{0m} 模式和一支沿轴向振动的扭转径向 TR_{2m} 模式（90°/0°）只对输入光做纯相位调制，而不调制光的偏振状态，因此其对应的导声波布里渊散射称为极化导声波布里渊散射；而另一支沿与光纤轴呈 45°夹角方向的扭转径向 TR_{2m} 模式（45°/−45°）同时对光的相位和偏振状态做调制，因此其对应的导声波布里渊散射称为去极化导声波布里渊散射。

最低阶横向声学模式的横截面振动形式如图 2-7 所示。图 2-7(a)是一阶径向 R_{0m} 模式在光纤横截面的振动形式，其振动方向沿着光纤轴的径向，并保持各向同性，在一个方向上同时膨胀或者压缩。图 2-7(b)是一阶扭转径向 TR_{2m} 模式在光纤横截面的振动形式，TR_{21} 模式的两个径向分量，一个沿着轴向膨胀，另一个沿着轴向压缩。这样的行为

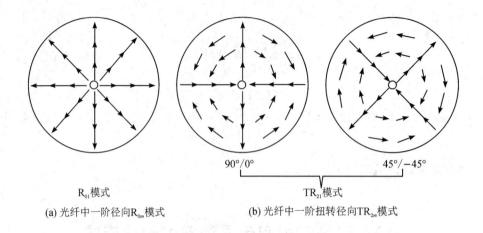

(a) 光纤中一阶径向R_{0m}模式　　　　(b) 光纤中一阶扭转径向TR_{2m}模式

图 2-7　最低阶横向声学模式的横截面振动形式

将引起附加双折射的调制。可以看到当 TR_{21} 模式的径向分量沿着光纤的快慢轴时，引入的附加双折射的方向也同样沿着光纤轴，这时不会改变光纤的固有双折射轴，即对应 $90°/0°$ 的振动形式。而当其径向分量与光纤快慢轴呈 $\pm45°$ 夹角时，引入的附加双折射的调制将使双折射轴的方向偏离原有双折射轴，即对应 $45°/-45°$ 的振动形式。

在分析单模光纤内的横向声学模式时，我们将单模光纤视作有边界条件下的实心圆柱，导声波布里渊散射就是发生在实心圆柱中的波动，从而导致声辐射产生声散射现象。进行横向声学模的理论分析时，我们考虑到石英光纤中硅基材料的弹性系数，通过求解弹性波的振动方程来得到满足解的振动条件：

$$\mathrm{Det}(b_{jn})=0 \qquad (2-22)$$

其中各元素为

$$
\begin{cases}
b_{11}=\left(n_2-1-\dfrac{y_{mn}^2}{2}\right)J_n(\alpha)\\[2mm]
b_{12}=\left[n(n^2-1)-\dfrac{y_{mn}^2}{2}\right]J_n(y)-(n^2-1)y_{mn}J_{n+1}(y_{mn})\\[2mm]
b_{21}=(n-1)J_n(\alpha y_{mn})-\alpha y J_{n+1}(\alpha y_{mn})\\[2mm]
b_{22}=\left[n(n-1)-\dfrac{y_{mn}^2}{2}\right]J_n(y_{mn})+y J_{n+1}(y_{mn})
\end{cases}
\qquad (2-23)
$$

其中，n 是一个非负整数，是与方位角度分量 φ 有关的数值，代表模式的类别；m 是正整数，代表模式的序号；$J_n(z)$ 是贝塞尔函数。从式(2-23)中可以看到，对于同一种模式，会有一系列的特征值 y_{mn} 满足特征方程。特征值公式为

$$y_{mn}=\frac{a\Omega_{mn}}{v_L} \qquad (2-24)$$

其中，a 为光纤的半径；Ω_{mn} 为声学模振动的角频率，$\Omega_{mn}=2\pi f_{mn}$。定义 $\alpha=v_S/v_L$，其中

v_S 和 v_L 分别代表光纤内的横模波速和纵模波速。在特征值 y_{mn} 下的声学振动模式在圆柱径向、角度方向和轴向的位移函数可表示为

$$\begin{cases} u_r = C_m U_r \cos n\phi \\ u_\phi = C_m U_\phi \sin n\phi \\ u_z = 0 \end{cases} \tag{2-25}$$

其中

$$\begin{cases} U_r(r) = -A_2 \dfrac{\partial}{\partial r} J_n\left(\dfrac{r}{a}\alpha y_{mn}\right) + A_1 \dfrac{n}{r} J_n\left(\dfrac{r}{a} y_{mn}\right) \\ U_\phi(r) = A_2 \dfrac{n}{r} J_n\left(\dfrac{r}{a}\alpha y_{mn}\right) - A_1 \dfrac{\partial}{\partial r} J_n\left(\dfrac{r}{a} y_{mn}\right) \end{cases} \tag{2-26}$$

式中，$A_1 = nb_{11}$，$A_2 = nb_{12}$。式(2-25)中，C_m 为归一化常数，可以由能量均分定理 $kT = \int_0^1 \int_0^{2\pi} \int_0^a \frac{1}{2}\rho\Omega_m^2 [u_r^2(r) + u_\phi^2(r)] r \mathrm{d}r \mathrm{d}\phi \mathrm{d}z$ 确定。密度变化可以通过位移方程来确定，即

$$\rho = -\nabla \cdot u \tag{2-27}$$

声模振动的应变张量 s 反映了声模对介质折射率的调制 $(1/\Delta n^2) = [p] : [s]$，其中 p 为光弹性张量。各向同性固体圆柱中的应变张量在圆柱坐标下可表示为

$$s = \begin{vmatrix} s_{rr} & s_{r\phi} & 0 \\ s_{r\phi} & s_{\phi\phi} & 0 \\ 0 & 0 & 0 \end{vmatrix} \tag{2-28}$$

其中各元素分别为

$$\begin{cases} s_{rr} = \dfrac{\partial u_r}{\partial r} \\ s_{\phi\phi} = \dfrac{1}{r}\dfrac{\partial u_\phi}{\partial \phi} + \dfrac{u_r}{r} \\ s_{r\phi} = \dfrac{1}{2}\left(\dfrac{1}{r}\dfrac{\partial u_r}{\partial \phi} + \dfrac{\partial u_\phi}{\partial r} - \dfrac{u_\phi}{r}\right) \end{cases} \tag{2-29}$$

光纤中参与 GAWBS 作用的声学模式包括径向辐射 R_{0m} 模式($n=0$)和扭转径向 TR_{2m} 模式($n=2$)。R_{0m} 模式沿着光纤径向的振动是各向同性的；TR_{2m} 模式包含径向和切向的两个扭转分量。当 $n=0$ 时，R_{0m} 模式的特征方程系数化简为

$$\begin{cases} b_{11} = -\left(1 + \dfrac{y_m^2}{2}\right) J_0(\alpha y_m) \\ b_{12} = b_{22} = -\left(\dfrac{y_m^2}{2}\right) J_0(y_m) + y J_1(y_m) \\ b_{21} = -J_0(\alpha y_m) - \alpha y J_1(\alpha y_m) \end{cases} \tag{2-30}$$

代入式(2-22)得到两种特征方程：

$$b_{12} = b_{22} = -\left(\frac{y_m^2}{2}\right)J_0(y_m) + y_m J_1(y_m) = 0 \qquad (2-31)$$

或者

$$b_{11} - b_{21} = -\left(\frac{y_m^2}{2}\right)J_0(\alpha y_m) + \alpha y_m J_1(\alpha y_m) = 0 \qquad (2-32)$$

式(2-31)的解对应光纤内纯切向辐射振动的模式,它与外界声辐射没有发生互相耦合作用,所以并不是光纤中前向声学振动所讨论的模式。式(2-32)的解对应光纤中纯膨胀辐射振动的模式,它与外界声波发生耦合,是光纤中前向声学振动所讨论的 R_{0m} 模式,其特征方程可以化简为

$$(1 - \alpha^2)J_0(y_m) - \alpha^2 J_1(y_m) = 0 \qquad (2-33)$$

其中 m 阶的声波可以表示为 $\Omega_m = v_L y_m / a$,$\alpha = v_S / v_L$。对于标准单模光纤来说,其包层半径 $a = 62.5~\mu\mathrm{m}$,$v_S = 3740~\mathrm{m/s}$,$v_L = 5996~\mathrm{m/s}$。贝塞尔方程 $J_n(z)$ 解释为声学共振的径向依赖性,y_m 是式(2-33)的零解。求解式(2-33)可以得到一系列的特征值,进而得到一系列 R_{0m} 模式声学频率 Ω_m。$n = 0$ 的模式与角度分量无关,此时振动模式的位移函数表示为

$$\begin{cases} u_r = C_{Rm} U_r \\ u_\phi = 0 \\ u_z = 0 \end{cases} \qquad (2-34)$$

其中 $u_\phi = 0$ 表示光纤的横截面不含有扭转分量,只含有辐射分量,则结合式(2-33)得到

$$\begin{cases} U_r = -A_2\dfrac{\partial}{\partial r}J_0\left(\dfrac{r}{a}y_m\right) = A_2\dfrac{y_m}{a}J_1\left(\dfrac{r}{a}y_m\right) \\ U_\phi = 0 \\ U_z = 0 \end{cases} \qquad (2-35)$$

其中 $A_2 = -\left(\dfrac{y_m^2}{2\alpha^2}\right)J_0\left(\dfrac{y_m}{\alpha}\right) + \left(\dfrac{y_m}{\alpha}\right)J_1\left(\dfrac{y_m}{\alpha}\right)$。由能量均分定理计算出归一化常数为

$$C_{Rm} = \left[\frac{2kT}{\pi l\rho\Omega_m^2 y_m^2 A_2^2} \cdot \frac{1}{\left[J_1^2(y_m) - J_0(y_m)J_2(y_m)\right]}\right]^{\frac{1}{2}} \qquad (2-36)$$

归一化密度分布 C_{Rm} 反映了声学模对介质的调制情况,是声光互相作用中的重要参数。

对于 R_{0m} 模式,其应变张量可以表示为

$$\begin{cases} s_{rr} = C_{Rm}\dfrac{\partial U_r}{\partial r} \\ s_{\phi\phi} = C_{Rm}\dfrac{\partial U_\phi}{\partial \phi} \\ s_{r\phi} = 0 \end{cases} \qquad (2-37)$$

当 $n=2$ 时，TR_{2m} 模式的特征方程系数可以化简为

$$\begin{cases} b_{11} = \left(3 - \dfrac{y_m^2}{2}\right) J_2(\alpha y_m) \\[2mm] b_{12} = \left(6 - \dfrac{y_m^2}{2}\right) J_2(y_m) - 3 y_m J_3(y_m) \\[2mm] b_{21} = J_2(\alpha y_m) - \alpha y_m J_3(\alpha y_m) \\[2mm] b_{22} = \left(2 - \dfrac{y_m^2}{2}\right) J_2(y_m) + y_m J_3(y_m) \end{cases} \tag{2-38}$$

由此得到 TR_{2m} 模式的特征方程为

$$\begin{vmatrix} \left(3 - \dfrac{y_m^2}{2}\right) J_2(\alpha y_m) & \left(6 - \dfrac{y_m^2}{2}\right) J_2(y_m) - 3 y_m J_3(y_m) \\[3mm] J_2(\alpha y_m) - \alpha y_m J_3(\alpha y_m) & \left(2 - \dfrac{y_m^2}{2}\right) J_2(y_m) + y_m J_3(y_m) \end{vmatrix} = 0 \tag{2-39}$$

此时 $y_m = a\Omega_m / v_S$，可通过解方程计算出 TR_{2m} 模式的频率 Ω_m，而 TR_{2m} 模式的位移函数可以表达为

$$\begin{cases} u_r = C_{Tm} U_r \cos 2\phi \\ u_\phi = C_{Tm} U_\phi \sin 2\phi \\ u_z = 0 \end{cases} \tag{2-40}$$

式(2-40)表明在光纤横截面上的 TR_{2m} 模式既包括扭转分量 U_ϕ，又含有辐射分量 U_r，其中

$$\begin{cases} U_r(r) = \dfrac{y_m}{2a}\left\{ -A_2\alpha\left[J_1\left(\dfrac{r}{a}\alpha y_m\right) - J_3\left(\dfrac{r}{a}\alpha y_m\right)\right] + A_1\left[J_1\left(\dfrac{r}{a}y_m\right) + J_3\left(\dfrac{r}{a}y_m\right)\right]\right\} \\[3mm] U_\phi(r) = \dfrac{y_m}{2a}\left\{ A_2\alpha\left[J_1\left(\dfrac{r}{a}\alpha y_m\right) + J_3\left(\dfrac{r}{a}\alpha y_m\right)\right] - A_1\left[J_1\left(\dfrac{r}{a}y_m\right) - J_3\left(\dfrac{r}{a}y_m\right)\right]\right\} \\[3mm] U_z(r) = 0 \end{cases}$$

$$\tag{2-41}$$

式中，$A_1 = 2(3 - y_m^2/2) J_2(\alpha y_m)$，$A_2 = 6(6 - y_m^2/2) J_2(y_m) - 3 y_m J_3(y_m)$。由能量均分定理计算出归一化常数为

$$C_{Tm} = \frac{\left(\dfrac{16kT}{\pi l\rho\Omega_m^2 y_m^2}\right)^{\frac{1}{2}}}{\left\{ A_2^2\alpha^2\left[\gamma_1(\alpha y_m) + \gamma_3(\alpha y_m)\right] + A_1^2\left[\gamma_1(y_m) + \gamma_3(y_m)\right]\right\}^{\frac{1}{2}}} \tag{2-42}$$

其中 $\gamma_n(x) = J_n^2(x) - J_{n-1}(x) J_{n+1}(x)$。

TR_{2m} 模式的应变张量为

$$\begin{cases} s_{rr} = C_{\mathrm{T}m} \dfrac{\partial U_r}{\partial r} \cos(2\phi) \\[2mm] s_{\phi\phi} = C_{\mathrm{T}m} \dfrac{1}{r}(2U_\phi + U_r)\cos(2\phi) \\[2mm] s_{r\phi} = \dfrac{1}{2}C_{\mathrm{T}m}\left(-\dfrac{1}{r}U_r + \dfrac{\partial U_\phi}{\partial r} - \dfrac{U_\phi}{r}\right)\sin(2\phi) \end{cases} \qquad (2-43)$$

上文中我们了解到，以相反方向传输的泵浦光和 Stokes 光相互作用产生的受激布里渊散射称为后向受激布里渊散射，参与这种散射过程的声波是纵向声学波；而当泵浦光与 Stokes 光同向传输，且参与散射过程的声波是横向声学模式时，将会发生前向受激布里渊散射。前向受激布里渊散射中的声子色散关系如图 2-8 所示。

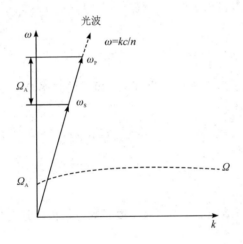

图 2-8 前向受激布里渊散射中的声子色散关系

前向受激布里渊散射中入射的泵浦光和 Stokes 光是保持同偏振的，两光波的色散曲线，即 $\omega_{\mathrm{P}}-k$ 和 $\omega_{\mathrm{S}}-k$ 曲线在同一方向上。从图 2-8 中我们可以看出，前向布里渊散射的声波色散曲线在零波矢附近接近平坦，于是声模振动频率近似为一个与泵浦光频率无关的截止频率 Ω，频率值与光纤直径和光纤内部结构相关，可根据式(2-33)计算求出。所以当泵浦波和 Stokes 波满足自相位匹配时，很容易产生高阶 Stokes 波和反 Stokes 波，且频率移动都等于这个截止频率。

前向受激布里渊散射的数学描述同样可以从声波的弹性动力学方程和光波的麦克斯韦方程中导出，声波和光波仍然满足式(2-8)和式(2-15)。假设注入光纤的光场为

$$E_i(r,z,t) = E_0(r)A_i(z,t)\mathrm{e}^{\mathrm{i}(\omega_i t - k_i z)} + \mathrm{c.c.} \qquad (2-44)$$

式中，$i=1$ 代表泵浦光，$i=2$ 代表 Stokes 光。在电致伸缩力作用下产生的声波为

$$\rho(r,z,t) = \rho_0(r)Q(z,t)\mathrm{e}^{\mathrm{i}(\Omega t - qz)} + \mathrm{c.c.} \qquad (2-45)$$

式中，Ω 为前向声学模式的频率，$\Omega = \omega_{\mathrm{P}} - \omega_{\mathrm{S}}$；$q$ 为前向声波的波矢，$q = k_{\mathrm{P}} - k_{\mathrm{S}}$。将式(2-45)代入式(2-8)中，两边同时乘 $\rho_0(r)$ 并在横截面内积分，可得声波振幅的演化方程为

$$2\mathrm{i}\Omega\frac{\partial Q}{\partial t}+(\Omega^2-\Omega_\mathrm{a}^2+\mathrm{i}\Omega\Gamma_\mathrm{B})Q=-\varepsilon_0\gamma_\mathrm{e}\langle\nabla_\perp^2 E_0^2(r)\rho_0(r)\rangle A_1 A_2^* \tag{2-46}$$

式中，Ω_a 是声波的共振频率，由圆柱波导结构和材料机械性质决定。此外，由于纤芯尺度小，$\langle E^2\rangle$ 的横向变化比拍频引起的纵向变化快很多，因此在推导光电场引起的物质密度变化时只保留拉普拉斯的横向分量。

由介质密度变化引起的非线性极化强度为

$$P^{\mathrm{NL}}=\varepsilon_0\frac{\gamma_\mathrm{e}}{\bar\rho}\rho E$$

$$=\varepsilon_0\frac{\gamma_\mathrm{e}}{\bar\rho}\rho_0(r)E_0(r)\Big[A_1 Q^* \mathrm{e}^{\mathrm{i}(\omega_2 t-k_2 z)}+A_2 Q^* \mathrm{e}^{\mathrm{i}(\omega_1 t-k_1 z)}+$$

$$A_1 Q^* \mathrm{e}^{\mathrm{i}(\omega_0 t-k_0 z)}+A_2 Q^* \mathrm{e}^{\mathrm{i}(\omega_3 t-k_3 z)}+\mathrm{c.c.}\Big] \tag{2-47}$$

式中，ω_0、k_0 代表泵浦光产生的反 Stokes 分量，$\omega_0=\omega_1+\Omega$，$k_0=k_1+q$；ω_3、k_3 代表 Stokes 光产生的 Stokes 分量，$\omega_3=\omega_2-\Omega$，$k_3=k_2-q$。

在作用不是很强的情况下，ω_0 和 ω_3 频率成分很弱，可以忽略，于是得到对应注入光场 ω_1 和 ω_2 的非线性极化强度项为

$$\begin{cases} P_1^{\mathrm{NL}}\approx\varepsilon_0\dfrac{\gamma_\mathrm{e}}{\bar\rho}\rho_0(r)E_0(r)A_2 Q\mathrm{e}^{\mathrm{i}(\omega_1 t-k_1 z)}\\[3mm] P_2^{\mathrm{NL}}\approx\varepsilon_0\dfrac{\gamma_\mathrm{e}}{\bar\rho}\rho_0(r)E_0(r)A_1 Q^* \mathrm{e}^{\mathrm{i}(\omega_2 t-k_2 z)} \end{cases} \tag{2-48}$$

将式(2-48)代入光波方程，两边同时乘 $E_0(r)$ 并在横截面内积分，再对不同频率成分分类可得

$$\begin{cases} \dfrac{\partial A_1}{\partial z}+\dfrac{n_\mathrm{eff}}{c}\dfrac{\partial A_1}{\partial t}=\dfrac{\mathrm{i}\omega_1\gamma_\mathrm{e}\langle E_0^2(r)\rho_0(r)\rangle}{2n_\mathrm{eff}c\bar\rho}A_2 Q\\[3mm] \dfrac{\partial A_2}{\partial z}+\dfrac{n_\mathrm{eff}}{c}\dfrac{\partial A_2}{\partial t}=\dfrac{\mathrm{i}\omega_2\gamma_\mathrm{e}\langle E_0^2(r)\rho_0(r)\rangle}{2n_\mathrm{eff}c\bar\rho}A_1 Q^* \end{cases} \tag{2-49}$$

于是瞬态前向受激布里渊散射耦合波方程可以写为

$$\begin{cases} \dfrac{\partial A_1}{\partial z}+\dfrac{n_\mathrm{eff}}{c}\dfrac{\partial A_1}{\partial t}=\dfrac{\mathrm{i}\omega_1\gamma_\mathrm{e}\langle E_0^2(r)\rho_0(r)\rangle}{2n_\mathrm{eff}c\bar\rho}A_2 Q\\[3mm] \dfrac{\partial A_2}{\partial z}+\dfrac{n_\mathrm{eff}}{c}\dfrac{\partial A_2}{\partial t}=\dfrac{\mathrm{i}\omega_2\gamma_\mathrm{e}\langle E_0^2(r)\rho_0(r)\rangle}{2n_\mathrm{eff}c\bar\rho}A_1 Q^*\\[3mm] \dfrac{\partial Q}{\partial t}+\Big[\dfrac{\Gamma_\mathrm{B}}{2}-\mathrm{i}(\Omega-\Omega_\mathrm{a})\Big]Q=\dfrac{\mathrm{i}\varepsilon_0\gamma_\mathrm{e}\langle\nabla_\perp^2 E_0^2(r)\rho_0(r)\rangle}{2\Omega}A_1 A_2^* \end{cases} \tag{2-50}$$

考虑稳态情况，忽略对时间的偏导项，可得稳态的前向受激布里渊散射振幅耦合波方程为

$$
\begin{cases}
\dfrac{\partial A_1}{\partial z} = -\dfrac{\varepsilon_0 \omega_1 \gamma_e^2 \langle \nabla_\perp^2 E_0^2 \rho_0 \rangle \langle E_0^2 \rho_0 \rangle}{4nc\bar{\rho}\Omega} \dfrac{\dfrac{\Gamma_B}{2}+\mathrm{i}(\Omega-\Omega_a)}{\left(\dfrac{\Gamma_B}{2}\right)^2+(\Omega-\Omega_a)^2} |A_2|^2 A_1 \\[6mm]
\dfrac{\partial A_2}{\partial z} = -\dfrac{\varepsilon_0 \omega_2 \gamma_e^2 \langle \nabla_\perp^2 E_0^2 \rho_0 \rangle \langle E_0^2 \rho_0 \rangle}{4nc\bar{\rho}\Omega} \dfrac{\dfrac{\Gamma_B}{2}-\mathrm{i}(\Omega-\Omega_a)}{\left(\dfrac{\Gamma_B}{2}\right)^2+(\Omega-\Omega_a)^2} |A_1|^2 A_2
\end{cases}
\tag{2-51}
$$

根据功率和光电场的关系，可得功率耦合波方程为

$$
\begin{cases}
\dfrac{\partial P_1}{\partial z} = -g_0 \dfrac{\Gamma_B/2}{\left(\dfrac{\Gamma_B}{2}\right)^2+(\Omega-\Omega_a)^2} P_1 P_2 \\[6mm]
\dfrac{\partial P_2}{\partial z} = -g_0 \dfrac{\Gamma_B/2}{\left(\dfrac{\Gamma_B}{2}\right)^2+(\Omega-\Omega_a)^2} P_1 P_2 \\[6mm]
g_0 = \dfrac{\omega_0 \gamma_e^2 \langle \nabla_\perp^2 E_0^2(r)\rho_0(r)\rangle \langle E_0^2(r)\rho_0(r)\rangle}{2n^2 c^2 \bar{\rho}\Omega_a \Gamma_B}
\end{cases}
\tag{2-52}
$$

式中，增益系数 g_0 由两个重叠积分决定，$\langle \nabla_\perp^2 E_0^2(r)\rho_0(r)\rangle$ 代表通过电致伸缩激发声波时的重叠面积，$\langle E_0^2(r)\rho_0(r)\rangle$ 代表声波通过弹光效应影响光场时的重叠面积，$E_0(r)$、$\rho_0(r)$ 均为归一化的模场分布。

第 3 章　布里渊光纤振荡器基础原理及性能指标

　　受激布里渊散射效应是一种可以发生在气体、液体和固体等介质当中的非线性效应，它的基本现象是满足相位匹配条件的两束相向传输的光信号之间发生的能量转移，实质是泵浦光、Stokes 光与声波在介质当中的一种非线性相互作用。Stokes 光由泵浦光被声波散射而产生，其频率相比泵浦光有一个下移，大小与声波频率(约 10 GHz)相当。受激布里渊散射效应的产生需要满足一定的条件，即入射的泵浦功率需要达到一定阈值，而光纤由于具有较小的横截面积和较长的纵向长度，因此可以有效降低泵浦功率阈值，比较利于受激布里渊散射效应的发生。1972 年，E. P. Ippen 等人首次在石英光纤中观察到了受激布里渊散射现象。

　　受激布里渊散射由电致伸缩效应(一种光作用于介质使得其密度发生周期性变化的物理现象)诱发产生，其具体物理过程如图 3-1 所示。背向散射的 Stokes 光同泵浦光发生干涉且通过电致伸缩效应生成一个

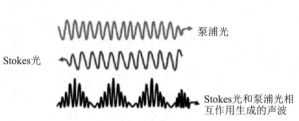

图 3-1　受激布里渊散射的物理过程

声波，声波作用于介质，产生一个速度与声速相同、前向移动的布拉格光栅，它使得部分泵浦光被散射至背向。结果使得 Stokes 光强度增大，增强的 Stokes 光同泵浦光发生更强的干涉，进而产生更强的声波。整个过程形成一种正反馈机制，使得泵浦光的能量被不断转移至 Stokes 光，直至耗尽。因为存在多普勒效应，所以 Stokes 光相比泵浦光会产生频率下移，频率大小和声波相当。

　　在受激布里渊散射效应发生的过程中，泵浦光不断散射，在低频处产生一个 Stokes 光的增益区，因此 Stokes 光的产生可以用布里渊增益系数 $g_B(\Omega)$ 来阐述。假定声波是以 $\exp(-\Gamma_B t)$ 衰减的，则增益系数 $g_B(\Omega)$ 可表示为

$$g_B(\Omega) = \frac{g_b(\Gamma_B/2)^2}{(\Omega - \Omega_B)^2 + (\Gamma_B/2)^2} \tag{3-1}$$

式中，g_b 是在中心频率处，也即 $\Omega = \Omega_B$ 处的布里渊增益系数峰值，其表达式如下

$$g_b = \frac{4\pi^2 \gamma_e^2 f_A}{n_P c \lambda_P^2 \rho_0 v_A \Gamma_B} \tag{3-2}$$

式中，γ_e 为电致伸缩常数，f_A 为声模与光模在光纤内未完全交叠而引起的布里渊增益下降，ρ_0 为介质密度。

3.1　布里渊光纤振荡器阈值

　　对于稳态条件下(适用于连续或准连续泵浦光)的 SBS 过程，由于光纤中布里渊频移量

较小，且 Stokes 光与泵浦光有几乎相同的光纤损耗，因此我们假设 $\omega_P \approx \omega_S$，$\alpha_P \approx \alpha_S \equiv \alpha$（$\alpha$ 表示光纤损耗），则泵浦光与 Stokes 光的相互作用可以通过以下的强度耦合方程表示：

$$\frac{\mathrm{d}I_P}{\mathrm{d}z} = -g_B I_P I_S - \alpha I_P \tag{3-3}$$

$$-\frac{\mathrm{d}I_S}{\mathrm{d}z} = g_B I_P I_S - \alpha I_S \tag{3-4}$$

式中，I_P、I_S 分别表示泵浦光和 Stokes 光的强度。在 SBS 过程中，忽略泵浦光的损耗，则 $z=0$ 处出射的 Stokes 光的强度可以表示如下：

$$I_S(0) = I_S(L)\exp\left[\frac{g_B P_P(0) L_{eff}}{A_{eff}} - \alpha L\right] \tag{3-5}$$

其中，$I_S(L)$ 为 $z=L$ 处入射的 Stokes 光强，$P_P(0)$ 为泵浦光的入射功率，A_{eff} 为纤芯的有效模场面积，$L_{eff}=[1-\exp(-\alpha L)]/\alpha$ 为光纤有效长度，因此信号光的增益可以表示为

$$G = \exp\left[\frac{g_B P_P(0) L_{eff}}{A_{eff}} - \alpha L\right] \tag{3-6}$$

实际情况中，当光纤没有 Stokes 信号光注入时，Stokes 光的增长是由整个光纤中发生的自发布里渊散射提供的噪声建立起来的。布里渊阈值定义为 Stokes 光强呈指数增长时所对应的泵浦功率的值，根据 1972 年史密斯提出的近似关系计算可知

$$g_B(\Omega_B)\frac{P_{th}L_{eff}}{A_{eff}} \approx 21 \tag{3-7}$$

在光纤通信系统中，单模光纤的典型参数如下：$A_{eff}=50 \ \mu m^2$，$\alpha=0.2 \ \mathrm{dB/km}$，$g_B=5\times10^{-11} \ \mathrm{m/W}$。取 $L_{eff}=20 \ \mathrm{km}$，可得布里渊阈值为 1 mW；而取 $L_{eff}=1 \ \mathrm{m}$，则布里渊阈值功率为 20 W。

根据史密斯提出的布里渊阈值计算公式与 1998 年 Kung 提出的布里渊增益模型，布里渊阈值 P_{th} 可表示为

$$P_{th} = \frac{G A_{eff}}{g_0 L_{eff}} \tag{3-8}$$

式中，$G \approx 21$，g_0 为布里渊增益系数。值得注意的是，以上推导完全基于近似计算的结果，实际分析中应该根据已有模型将自发布里渊散射、偏振态等因素考虑在内进行更准确的计算。例如，如果传输距离过长（$L>50 \ \mathrm{km}$），则布里渊阈值将增加一倍；如果传输距离仅有几米，那么布里渊阈值将增加到数十瓦；如果线偏振光以 45° 的夹角入射，则有效布里渊增益减少为二分之一。此外，估算布里渊阈值时应该考虑工作在 1550 nm 的光纤长度、有效横截面积、有效长度、布里渊线宽以及光纤密度等因素。

以上过程分析的布里渊阈值均为无反馈时的结果。假如谐振腔中存在泵浦光反馈，那么布里渊阈值将会降低，这是由于反馈导致泵浦光与 Stokes 光作用时间增加和放大倍数增

大。以环形腔结构为例，利用边界条件 $P_S(L) = R_m P_S(0)$ 将式(3-8)改写为

$$P_{\text{th}} = \frac{A_{\text{eff}}}{g_0 L_{\text{eff}}} [\alpha L - \ln(R_m)] \qquad (3-9)$$

其中，R_m 为泵浦光每次反馈的百分比，L 为环形腔腔长。

3.2 布里渊光纤振荡器线宽

布里渊光纤振荡器的线宽 $\Delta\nu_{\text{BFO}}$ 与泵浦光线宽 $\Delta\nu_P$ 的关系如下：

$$\Delta\nu_{\text{BFO}} = \frac{\Delta\nu_P}{\left(1 + \dfrac{\gamma_A}{\Gamma_C}\right)^2} \qquad (3-10)$$

其中，γ_A 为声波衰减率，Γ_C 为谐振腔损耗率。

另外，布里渊光纤振荡器每一阶的线宽 $\Delta\nu_{Ln}$ 与泵浦光线宽 $\Delta\nu_P$ 的关系可表示为

$$\Delta\nu_{Ln} = \frac{\Delta\nu_{L(n-1)}}{\left(1 + \dfrac{\gamma_A}{\Gamma_C}\right)^2} = \frac{\Delta\nu_{L(n-2)}}{\left(1 + \dfrac{\gamma_A}{\Gamma_C}\right)^4} = \cdots = \frac{\Delta\nu_{L1}}{\left(1 + \dfrac{\gamma_A}{\Gamma_C}\right)^{2^{n-1}}} = \frac{\Delta\nu_P}{\left(1 + \dfrac{\gamma_A}{\Gamma_C}\right)^{2^n}} \qquad (3-11)$$

式中，γ_A 为声波衰减率，$\gamma_A = \pi\Delta\nu_B$（布里渊增益带宽 $\Delta\nu_B = 20 \text{ MHz}$）；$\Gamma_C$ 为谐振腔损耗率，$\Gamma_C = -c\ln R/nL_t$，其中 L_t 为总环长且 $L_t = L_1 + L_2$。

布里渊光纤振荡器的线宽测量方法主要有三种：延时自零差法、延时自外差法和外差法。延时自零差法如图3-2所示，它将一个50：50的耦合器分为两路，一路用足够长的单模光纤进行延时并与另一路无延时的激光汇合，然后用光电探测器（Photoelectric Detector，PD）进行探测。为了使两路激光功率一样，在其中一路加入衰减器进行调节。当延时量为激光相干长度的6倍时，能较精确地反映被测激光的线宽。此方法结构装置简单，但是电频谱分析仪（Electric Spectrum Analyzer，ESA）在零频处会有一根 kHz 线宽量级的本征零频线，再加上 PD 和 ESA 本身引起的低频噪声，会极大地影响激光器线宽测量的准确性。

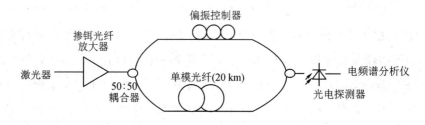

图 3-2 延时自零差法

为了消除本征零频线对线宽测量结果的影响，可以采用延时自外差法进行测量，如图3-3所示。与延时自零差法不同的是，此方法将其中一路激光利用强度调制器（Intensity

Modulator，IM)进行调制，然后使两路激光相拍，得到延时自外差差拍信号，两者频差即调制器的调制频率。由于 ESA 有一个频率下限测量范围，所以延时自外差法是当前测量光纤振荡器线宽常用的方法。

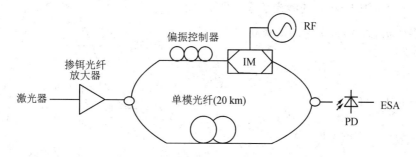

图 3 - 3　延时自外差法

外差法如图 3 - 4 所示。此方法不需要做延时干涉，只需将一个与被测激光线宽相近的振荡器和被测激光进行拍频，所测信号同样由 PD 进行探测，并通过 ESA 进行分析。为了保证测量的准确性，需满足两个条件：① 另一个振荡器与待测振荡器线宽必须相近；② 由于 PD 的带宽限制(一般为 GHz 到数十 GHz 量级)，因此两个振荡器的频差要小。因为此法对参考振荡器的要求较苛刻，所以一般采用前两种方法。

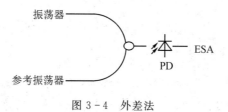

图 3 - 4　外差法

3.3　布里渊光纤振荡器稳定性分析

3.3.1　频率牵引效应

由于布里渊增益谱只有 20 MHz，所以强的色散值会导致出现频率牵引效应(Frequency Pulling Effect，FPE)。因布里渊增益谱为洛伦兹曲线，故在布里渊光纤激光器中一周的相位变化为

$$\frac{\nu p}{c} + 2\alpha_m p_m \frac{\nu - \nu_a}{\Delta \nu_a} = q2\pi \equiv \frac{\nu_q p}{c} \qquad (3-12)$$

式中，ν 为考虑 FPE 之后的激光频率，c 为光速，α_m 为布里渊增益系数，p_m 为增益介质长度，ν_a 为增益的中心频率，$\Delta \nu_a$ 为增益线宽，q 为整数，ν_q 为理想状态腔频率且 $\nu_q = q2\pi c / p$。振荡器处于稳定振荡状态时，增益等于损耗，损耗用 δ_c 来表示，则激光频率 ν 可表示为

$$\nu = \nu_q + (\nu_a - \nu_q) \frac{c\delta_c/p}{\Delta\nu_a + c\delta_c/p} \quad (3-13)$$

FPE 示意图如图 3-5 所示,图中 ν_{q1}、ν_{q2} 为腔基频,ν_1、ν_2 为考虑 FPE 后的激光频率。假如振荡器运行在多模状态,那么实际的模式间隔表示为

$$\nu_2 - \nu_1 = (\nu_{q2} - \nu_{q1}) - (\nu_{q2} - \nu_{q1}) \frac{c\delta_c/p}{\Delta\nu_a + c\delta_c/p}$$

$$= \text{FSR} - \text{FSR} \cdot A \quad (3-14)$$

其中,FSR 为自由光谱宽度,$A = \dfrac{c\delta_c/p}{\Delta\nu_a + c\delta_c/p}$。

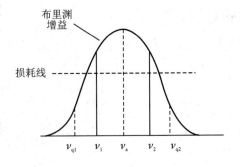

图 3-5　FPE 示意图

3.3.2　克尔效应

克尔(Kerr)效应在布里渊光纤振荡器中已经有相关的分析报道,我们可以直接应用。由 Kerr 效应引起的泵浦光和 Stokes 光的频移量可以表示为

$$\Delta\nu_P^{\text{Kerr}} = -\frac{\alpha n_2}{n}(\bar{I}_P + 2\bar{I}_1 + 2\bar{I}_2) \quad (3-15)$$

$$\Delta\nu_1^{\text{Kerr}} = -\nu_1 \frac{\alpha n_2}{n}(2\bar{I}_P + \bar{I}_1 + 2\bar{I}_2) \quad (3-16)$$

$$\Delta\nu_2^{\text{Kerr}} = -\nu_2 \frac{\alpha n_2}{n}(2\bar{I}_P + 2\bar{I}_1 + \bar{I}_2) \quad (3-17)$$

其中,$\bar{I}_l (l=\text{P}, 1, 2)$ 为平均功率,定义为 $\bar{I}_l = \int I_l(z) \dfrac{\mathrm{d}z}{L}$;考虑偏振影响后 $\dfrac{2}{3} < \alpha < 1$,$n_2 = 3.2 \times 10^{-20}$ m²/W。式(3-15)至式(3-17)仅仅对二阶 Stokes 波有效。图 3-6 为布里渊光纤振荡器中由 Kerr 效应引起的频率偏移量与归一化输入功率的关系示意图,测得 $-\nu_1 \left(\dfrac{\alpha n_2}{n}\right) \left(\dfrac{1}{A_{\text{eff}}}\right) \approx 70$ Hz/mW。

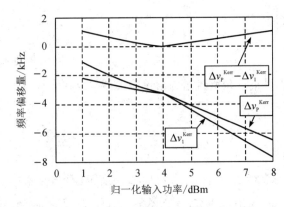

图 3-6　由 Kerr 效应引起的频率偏移量与归一化输入功率的关系示意图

3.3.3　热效应

热效应示意图如图 3-7 所示。频移量 $\nu_P - \nu_L = N \cdot \mathrm{FSR}$，其中 N 表示光谱线数量。在不考虑模式跳变及频率牵引效应的情况下，一阶 Stokes 波与泵浦波的频移量的温度系数可以表示为

$$\frac{1}{\nu_P - \nu_L}\frac{\mathrm{d}(\nu_P - \nu_L)}{\mathrm{d}T} = \frac{1}{N \cdot \mathrm{FSR}}\frac{\mathrm{d}(N \cdot \mathrm{FSR})}{\mathrm{d}T}$$

$$= -\frac{1}{L}\frac{\partial L}{\partial T} - \frac{1}{n}\frac{\partial n}{\partial T} \tag{3-18}$$

而 $\nu_B = 2n v_A / \lambda_P$，$v_A$ 为介质中声速，λ_P 为泵浦光波长，那么 ν_B 的温度系数可以表示为

$$\frac{1}{\nu_B}\frac{\mathrm{d}(\nu_B)}{\mathrm{d}T} = \frac{1}{v_A}\frac{\mathrm{d}(v_A)}{\mathrm{d}T} + \frac{1}{n}\frac{\partial n}{\partial T} \tag{3-19}$$

于是两个连续基频之间发生跳变的温度变化量可以近似表示为

$$\Delta T_{\mathrm{mode\text{-}hopping}} = \frac{\mathrm{FSR}}{N \cdot \mathrm{FSR}\left(\dfrac{1}{\nu_B}\dfrac{\partial \nu_B}{\partial T} + \dfrac{1}{n}\dfrac{\partial n}{\partial T} + \dfrac{1}{L}\dfrac{\partial L}{\partial T}\right)}$$

$$\approx \frac{\mathrm{FSR}}{\nu_B\left(\dfrac{1}{\nu_B}\dfrac{\partial \nu_B}{\partial T} + \dfrac{1}{n}\dfrac{\partial n}{\partial T} + \dfrac{1}{L}\dfrac{\partial L}{\partial T}\right)} \tag{3-20}$$

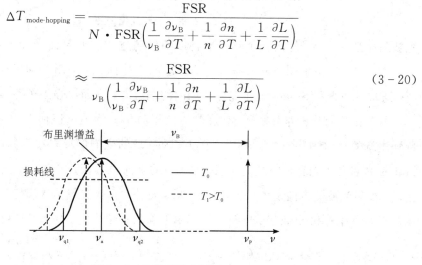

图 3-7　热效应示意图

3.4　布里渊光纤振荡器偏振效应

实际中有多种因素能够造成有效布里渊阈值的降低，其中一个重要的因素就是布里渊增益的偏振相关特性。如图 3-8 所示，当泵浦光和 Stokes 光是正交偏振的线偏振光时，探测光没有获得布里渊增益；当泵浦光和 Stokes 光是相同的线偏振光时，探测光获得了最大布里渊增益。

若光纤中存在残余双折射的起伏变化，则情况会更加复杂。当只有泵浦光入射到光纤时，发生在光纤后端面的自发布里渊散射可以作为 Stokes 光的种子光。但是，由于该种子

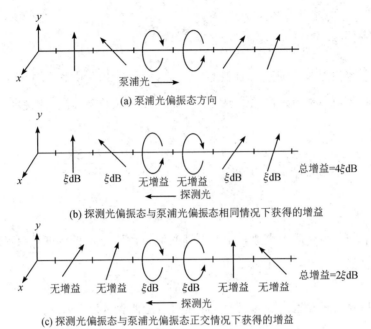

(a) 泵浦光偏振态方向

总增益=4ξdB

(b) 探测光偏振态与泵浦光偏振态相同情况下获得的增益

总增益=2ξdB

(c) 探测光偏振态与泵浦光偏振态正交情况下获得的增益

图 3-8 布里渊增益的偏振相关特性

光被泵浦光放大,光纤的残余双折射将以随机的方式改变泵浦光和 Stokes 光之间的偏振态,结果有效的布里渊增益因为这种偏振态的变化而减小,SBS 阈值会变得更大一些。然而,通常泵浦光和 Stokes 光不能保持相同的偏振态,因而增强因子并不等于 2。

尽管完整的分析非常复杂,但依然可以用简单的物理论证估算增益衰减因子。首先要特别注意的是,Stokes 光是利用一个以声速移动的光栅的反射在后向产生的;其次,即使 Stokes 光和泵浦光有相同的偏振态,偏振态的旋向也会因反射而发生改变。从数学的意义上讲,如果光波的方向发生反转,则 Stokes 矢量的垂直分量 s_3 将改变符号。这样,对任意偏振态的泵浦光和 Stokes 光,SBS 效率由下面的式子决定:

$$\eta_{\text{SBS}} = \frac{1}{2}(1 + \hat{s} \cdot \hat{p}) = \frac{1}{2}(1 + s_1 p_1 + s_2 p_2 + s_3 p_3) \qquad (3-21)$$

式中,$\hat{s} = (s_1, s_2, s_3)$ 和 $\hat{p} = (p_1, p_2, p_3)$ 为邦加球上 Stokes 光和泵浦光的单位矢量。同样可以看出,对于相同偏振和正交偏振的泵浦光和 Stokes 光,SBS 效率分别为 $1 - s_3^2$ 和 s_3^2,因此仅在泵浦光和 Stokes 光为线性且正交偏振的特殊情况下($s_3 = 0$),SBS 效率才降为零。

但是如果偏振态的改变是由双折射起伏引起的,则 s_3^2 将随机变化,并取 [-1,1] 区间内所有可能的值。另外注意到 $s_1^2 + s_2^2 + s_3^2 = 1$ 且三个分量有相同的平均值,则容易得到 s_3^2 的平均值为 1/3。于是对于同偏振态的情况来说,平均 SBS 效率等于 2/3,因此式(3-3)、式(3-4)中的 SBS 增益 g_B 将以 2/3 的因子减小。由于式(3-9)中的阈值功率与布里渊增益有反比关系,所以阈值将以 3/2 的因子增加,也就是说,当邦加球上泵浦光的偏振态因双折射起伏变化而变得完全混乱时,SBS 阈值将增大 50%。

第 4 章　单纵模窄线宽布里渊光纤激光器

光纤中受激布里渊散射具有严格的频移量和窄线宽特性，并拥有高增益、低阈值的优良特性，因此布里渊光纤激光器可以通过有效压窄布里渊增益谱来实现单纵模窄线宽激光输出，应用前景广阔。本章提出的基于双环形腔结构的布里渊光纤激光器通过应用游标效应进行模式选择，实现单纵模窄线宽激光输出。众所周知，布里渊光纤激光器环形腔的精细度为自由光谱宽度（Free Spectral Range，FSR）和线宽之比，那么在精细度相同的情况下，增加环长、减小FSR，就能优化激光器线宽；同样，在环损耗相同的情况下，增加环长可以降低SBS阈值，从而降低激光器阈值。宇称-时间（Parity-Time，PT）对称是一个量子力学概念，其实验实现引起了许多研究者的兴趣，并且已被广泛应用到光学领域。模式选择是PT对称的关键特征，由于PT对称有其自身的损耗分量，因此在固有的多模腔中可以实现单纵模输出。近年来，将PT对称应用于光电振荡器和光纤或半导体激光器是一个新的研究方向。与已有的布里渊光纤激光器研究相比，基于PT对称的单纵模窄线宽布里渊光纤激光器不需要对几种复合腔结构进行频率匹配，也不需要对窄带宽带通滤波器进行精确控制，同时拥有更简单的结构。

4.1 单纵模窄线宽双环布里渊光纤激光器实验研究

4.1.1 实验原理

为了减小阈值，优化线宽，并保证单模运行，本章提出了一种新型的单纵模窄线宽双环布里渊光纤激光器。如图4-1所示为这种单纵模窄线宽布里渊光纤激光器的结构原理图。此激光器用线宽为100 kHz及最大输出功率为3.7 dBm的可调谐激光源（Tunable Laser Source，TLS）作为泵浦光源，通过EDFA对其进行放大。由于当泵浦光与Stokes光偏振态一致时，可以获得最大的布里渊增益，因此在泵浦光注入谐振腔前放置偏振控制器（Polarization Controller，PC）1来调节泵浦光与Stokes光的偏振态。为了降低放大器自发辐射（Amplifier Spontaneous Emission，ASE），用1 nm带宽的光带通滤波器（Optical Bandpass Filter，OBF）进行滤波。随后泵浦光通过光环形器（Circulator，Cir）沿顺时针方向注入主谐振腔（谐振腔1，R1）中，并环绕谐振腔一周。偏振控制器2（PC2）用来调节谐振腔1（R1）与谐振腔2（R2）的偏振态，以保证激光器处于单模运行状态。副光纤环由一个对偏振不敏感的光耦合器（Optical Coupler，OC）和一段单模光纤组成，光耦合器2（OC2）的分光比为50∶50，单模光纤长度选为10 m（传统单纵模布里渊光纤激光器的长度）。当泵浦光功率高于受激布里渊散射的阈值时，布里渊激光从光耦合器1（OC1）输出，剩余部分沿逆时针方向多次环绕谐振腔，OC1的分光比为1∶99。实验中考虑到环境对激光器稳定性的影响，将整个系统置于温度控制系统中，温度可调范围为3～80℃，可调精度优于0.5℃。而且，为了避免由功率抖动和多模运行引起的激光模式的漂移，实验中采用了自动反馈系统做补偿。自动反馈系统包括 150 MHz 带宽、700～1800 nm 响应波长的 InGaAs 光电探测器，以及基于保偏光纤的光可调延时线（Polarization Maintaining Fiber-based Optical Delay Line，PM-ODL）（其具有 5 mm 宽的可调范围、0.469 μm 高的可调精度），因此相对于其他稳定方案，此方案可以降低偏振对谐振腔的影响。通过分析配置不同长度双环的 BFL，可以获得高稳定、低阈值、窄线宽的 BFL。

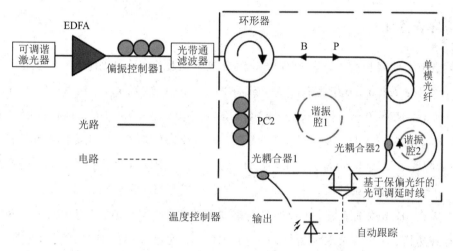

图 4-1　单纵模窄线宽布里渊光纤激光器的结构原理图

基于反馈光纤环（Feedback Fiber Loop，FFL）的布里渊光纤激光器单模运行的原理图如图 4-2 所示，其中图（a）和（b）分别对应 100 m 环长和 50 m 环长。布里渊频移量 ν_B 与泵浦频率 ν_P 的关系可以表示为

$$\nu_B = \frac{2v_A}{c}\nu_P \tag{4-1}$$

其中，v_A 为声速，c 为光速，ν_B 在 1550 nm 波长处大约为 10 GHz。而 R1 和 R2 的 FSR 满足

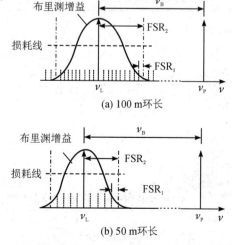

(a) 100 m 环长

(b) 50 m 环长

图 4-2　基于反馈光纤环的布里渊光纤激光器单模运行原理图

$FSR_m = \dfrac{c}{n_m L_m}$（$m = 1, 2$，且 $m = 1$ 对应 R1，$m = 2$ 对应 R2），其中 L_m（$m = 1, 2$）为谐振腔的环长，n_m（$m = 1, 2$）为整数，故根据维纳效应，布里渊光纤激光器的有效 FSR 可表示为

$$FSR = n_1 FSR_1 = n_2 FSR_2 \qquad (4-2)$$

因此只有当增益值大于或等于损耗值并且谐振频率同时满足 R1 和 R2 的谐振条件时，激光器 ν_L 模式才起振。

4.1.2　环长优化

我们选取了四组长度不同的单模光纤组合进行对比分析。A 组实验所选光纤长度为 R1：3 km，R2：230 m；B 组为 R1：230 m，R2：50 m；C 组为 R1：50 m，R2：10 m；D 组为 R1：100 m，R2：10 m。光纤长度 3 km、230 m、100 m、50 m、10 m 对应的 FSR 分别为 67 kHz、870 kHz、2 MHz、4 MHz、20 MHz。图 4-3(a)、(b)为 A 组零拍频频谱图，其中图(a)为未配置 BFL 结构的测试结果，图(b)为配置了 BFL 结构的测试结果；同样地，图 4-3(c)、(d)为 B 组测试结果，图 4-3(e)、(f)为 C 组测试结果，图 4-3(g)、(h)为 D 组测试结果。从 A、B 组测试结果中可以明显观察到维纳效应，但在 A、B 组中的布里渊增益带宽内还存在边模，不能保证单模运行；B 组的 R1、R2 均比 D 组的 R1、R2 长，理论上也会

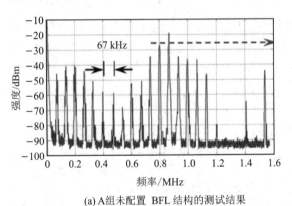

(a) A组未配置 BFL 结构的测试结果

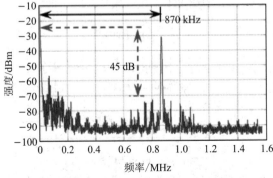

(b) A组配置了 BFL 结构的测试结果

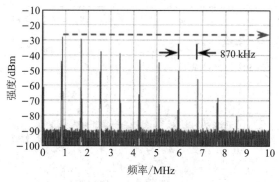

(c) B组未配置 BFL 结构的测试结果

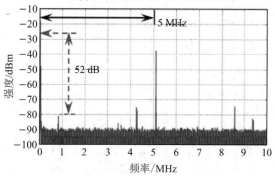

(d) B组配置了 BFL 结构的测试结果

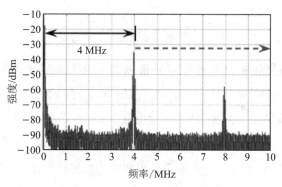

(e) C组未配置 BFL 结构的测试结果

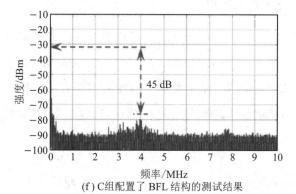

(f) C组配置了 BFL 结构的测试结果

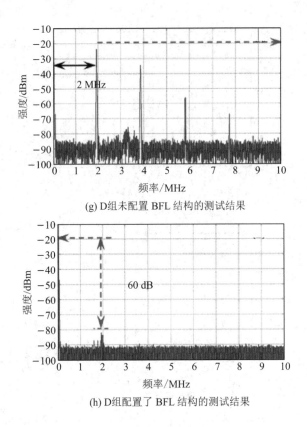

(g) D组未配置 BFL 结构的测试结果

(h) D组配置了 BFL 结构的测试结果

图 4-3　激光输出光拍频频谱图

获得比 D 组更低的阈值和更窄的线宽，但是 B 组的 R1 不能和 R2 很好地匹配，在 0～4 MHz 带宽内的边模没有被抑制掉，同样不能保证单模运行；而 C、D 组的环长组合可以很好地匹配，在 0～10 MHz 布里渊增益带宽内没有边模存在，此时 C、D 组为单模运行状态，且相对于单环配置边模抑制比分别提高了 45 dB 和 60 dB。比较图4-3(f)和图 4-3(h)，可以发现 D 组的噪声明显比 C 组小，因此我们在实验中采用 C 组和 D 组的环长组合，且 D 组的结果更好一些。

4.1.3　阈值与线宽测试及分析

实验中，R1 长度为 100 m 或者 50 m，R2 长度为 10 m。首先测试了布里渊光纤激光器输出功率特性曲线，如图 4-4 所示。泵浦光功率在 EDFA 输出尾纤处进行测量，激光器输出功率在 OC1 的 1% 处进行测量。假设泵浦光与受激布里渊散射保持相同的偏振态，那么输入阈值功率 P_{th} 与有效腔长 $L_{eff}=[1-\exp(-2\alpha L_t)]/2\alpha$ 成反比，且满足

$$R\exp\left(\frac{gP_{th}L_{eff}}{A}-\alpha L_t\right)=1 \tag{4-3}$$

式中，α 为单模光纤衰减系数，$\alpha=0.2$ dB/km；g 为布里渊增益系数，$g=5\times10^{-11}$ m/W；A 为有效截面面积，$A=52.81\times10^{-12}$ m^2；L_t 为总长度，$L_t=L_1+L_2$；R 为耦合比，$R\approx$

0.99，考虑到整个环的 3 dB 损耗，所以将其改进后得到 $R'=0.5\times R=0.495$。假设只有 R1 提供布里渊增益，可求得 100 m、50 m 环长的 P_{th} 分别为 12 mW、24 mW。进一步考虑到 OBF、PC1 和 Cir 的损耗，那么外部理论阈值功率分别为 48 mW、96 mW。实际测得的阈值功率为 56 mW、99 mW，基本与理论值吻合。但是，因为泵浦频率在测试过程中很难控制，所以阈值曲线没有呈现出很好的线性度。在相同条件下，与已报道的传统配置 10 m 单环 BFL 的 704 mW 阈值相比，本实验中的阈值减小到传统配置的1/6。图 4-5 为泵浦光和布里渊激光的光谱，光谱仪分辨率为 0.05 nm，从图中可以观察到两波长相差大约 0.08 nm，对应布里渊频移量为 10 GHz。

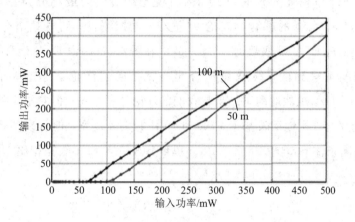

图 4-4　布里渊光纤激光器输出功率特性曲线

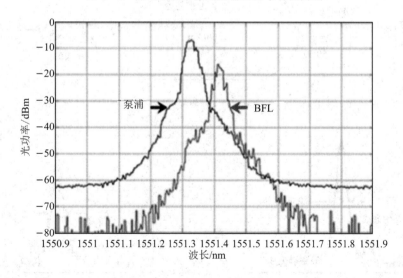

图 4-5　泵浦光和布里渊激光的光谱

其次对布里渊光纤激光器的线宽进行了测试。布里渊光纤激光器的线宽 $\Delta\nu_{BFL}$ 与泵浦光线宽 $\Delta\nu_P$ 的关系可表示为

$$\Delta\nu_{\mathrm{BFL}} = \frac{\Delta\nu_{\mathrm{P}}}{\left(1 + \dfrac{\gamma_{\mathrm{A}}}{\Gamma_{\mathrm{C}}}\right)^2} \qquad\qquad (4-4)$$

式中，γ_{A} 为声波衰减率，$\gamma_{\mathrm{A}} = \pi\Delta\nu_{\mathrm{B}}$（布里渊增益带宽 $\Delta\nu_{\mathrm{B}} = 20\ \mathrm{MHz}$）；$\Gamma_{\mathrm{C}}$ 为谐振腔损耗率，$\Gamma_{\mathrm{C}} = -c\ln R/nL$。同样假设只有 R1 提供增益，耦合比 $R = 0.495$，理论线宽大约为泵浦光的百分之一。这里采用延时自外差法对布里渊线宽进行测试，延时干涉系统如图 4-6(a) 所示，激光器输出先通过一个 EDFA 进行放大，然后其中一路经过 PC 后进入强度调制器（Intensity Modulator，IM），PC 用来调节通过 IM 的激光偏振态，IM 调制 50 MHz 信号，另一路经过 20 km 单模光纤延时，20 km 单模光纤对应的最小分辨率（$=c/nL$）约为 4 kHz，两路通过 50：50 的耦合器汇合后进入光电探测器，用电频谱分析仪（Electric Spectrum Analyzer，ESA）获取数据。图 4-6(b) 和图 4-6(c) 为 ESA 获取的结果，其中洛伦兹线是由 ESA 观察到的，线宽是拟合出来的。通过洛伦兹拟合后线宽值分别为 3.23 kHz、0.41 kHz。虽然此测试结果与我们的理论分析相符，但它小于测试系统最小分辨率，所以不能完全真实地反映基于 FFL 的 BFL 的实际线宽，但可以估计实际线宽都小于 4 kHz。在相同条件下，与传统配置 10 m 单环 BFL 的 6 kHz 线宽相比，本实验中的线宽有明显改进。

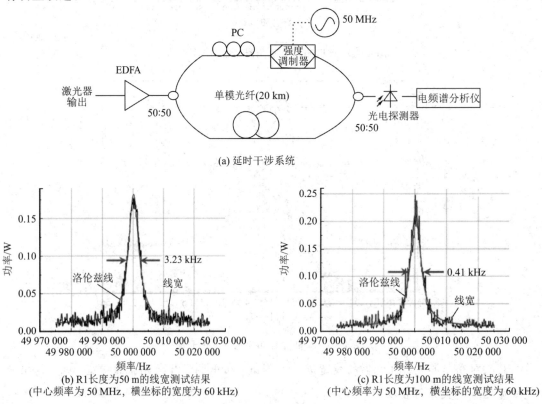

(a) 延时干涉系统

(b) R1 长度为 50 m 的线宽测试结果
（中心频率为 50 MHz，横坐标的宽度为 60 kHz）

(c) R1 长度为 100 m 的线宽测试结果
（中心频率为 50 MHz，横坐标的宽度为 60 kHz）

图 4-6　布里渊线宽测试研究

4.1.4 稳定性分析

我们知道，影响 BFL 稳定性的三大因素是温度效应、非线性 Kerr 效应和频率牵引效应。由于 FSR 和布里渊增益主要受温度影响，因此输出激光的频率主要受温度影响。

对于基于 FFL 的 BFL 来说，将式(3-20)中的 FSR 改为 FSR_{min}，可得

$$\Delta T_{\text{mode-hopping}} \approx \frac{\text{FSR}_{\text{min}}}{\nu_{\text{B}}\left(\dfrac{1}{\nu_{\text{B}}}\dfrac{\partial \nu_{\text{B}}}{\partial T} + \dfrac{1}{n}\dfrac{\partial n}{\partial T} + \dfrac{1}{L}\dfrac{\partial L}{\partial T}\right)} \quad (4-5)$$

取主腔对应的基频 $\text{FSR}_{\text{min}} = 2\ \text{MHz}(4\ \text{MHz})$，对于单模光纤来说，长度波动对应的温度系数为 $(1/L)(\partial L/\partial T) = 10^{-6}/℃$，1550 nm 波段处布里渊频移温度系数为 $\partial \nu_{\text{B}}/\partial T = 1.04\ \text{MHz}/℃$，折射率温度系数为 $\partial n/\partial T \approx 1.2 \times 10^{-5}/℃$。以此可求得发生模式跳变的温度值为 3.78℃，此温度值大于实验中温控系统的精度 0.5℃，所以可以保证激光器输出频率不会发生模式跳变。然而，对于 50 m 环长，0.5℃ 会引起 50 μm 环长变化、0.52 MHz 的布里渊频移量以及 6×10^{-6} 的折射率变化，而对于 100 m 环长 0.5℃ 会引起 100 μm 环长变化，因此 0.5℃ 的精度还不能完全保证实验系统稳定至理想状态。基于此添加了由 PM-ODL 构成的自动跟踪系统，其基本原理为经典的抖动原理。PM-ODL 的精度为 0.496 μm，对应于 50 m 和 100 m 的环长，分别具有 0.02 Hz 和 0.01 Hz 的可调精度。对激光器一小时内的输出功率进行测试，其变化如图 4-7 所示，输出功率波动为 6%。

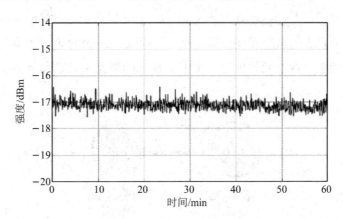

图 4-7　一小时内激光输出功率变化

采用双光纤环的结构，搭建单纵模窄线宽布里渊光纤激光器，主腔长度为 100 m 或者 50 m，副光纤环长度为 10 m(传统单纵模布里渊光纤激光器的长度)，根据维纳效应，得到了单纵模窄线宽的布里渊光纤激光器。采用由温控系统和 PM-ODL 组成的自动反馈系统，降低了外界对布里渊频移量和 FSR 的影响。实验测试得到 100 m、50 m 环长激光器的阈值功率分别为 56 mW、99 mW，边模抑制比优化了 60 dB、45 dB，一小时内输出功率波动

6%。同时，利用延时自外差法测得 50 m、100 m 环长激光器线宽分别约为 3.23 kHz、0.41 kHz，与理论分析结果吻合。此激光器具有简单实用而且成本低的特点，为窄线宽高性能光纤激光器的研究可提供参考。

4.2　基于宇称-时间对称的单纵模窄线宽布里渊光纤激光器

4.2.1　宇称-时间对称选模机制

描述具有正概率和幺正时间演化的复杂量子理论——非厄米哈密顿量 PT 对称为研究非厄米物理学现象提供了可能性。光子和微波光子系统在控制光增益和损耗方面的灵活性，为实验探索基于 PT 对称的非厄米系统新功能提供了理想平台。反过来，这些探索也促进了光子和微波光子系统的发展。模式选择的有效性是 PT 对称的关键特征。由于 PT 对称具备强大的模式选择能力，因此单模激光或微波振荡成为 PT 对称的主要应用之一。

如图 4-8 所示为宇称-时间对称系统模型。宇称-时间对称系统包含两个几何结构相同的元件，且两个元件存在能量交换。当两个元件的增益系数与损耗系数相同时，系统处于 PT 对称状态。此时，可以用耦合模方程(4-6)描述该 PT 对称系统中第 n 个本征模式：

$$\frac{\mathrm{d}}{\mathrm{d}t}\begin{bmatrix} A_n \\ B_n \end{bmatrix} = \begin{bmatrix} -\mathrm{i}\omega_n + g_{B\_A_n} & \mathrm{i}k_n \\ \mathrm{i}k_n & -\mathrm{i}\omega_n + g_{B\_B_n} \end{bmatrix}\begin{bmatrix} A_n \\ B_n \end{bmatrix} \tag{4-6}$$

其中，A_n 和 B_n 分别表示两个元件中第 n 个本征模式；ω_n 表示第 n 个本征模式的角频率；$g_{B\_A_n}$ 和 $g_{B\_B_n}$ 分别表示两个元件中第 n 个本征模式的增益系数和损耗系数；k_n 表示两个元件的耦合系数。

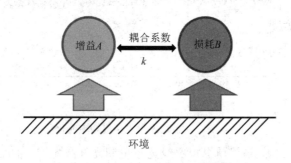

图 4-8　宇称-时间对称系统模型

求解耦合模方程(4-6)，可得 PT 对称系统中第 n 个本征模式的本征角频率为

$$\omega_n^{(1,2)} = \omega_n + \mathrm{i}\frac{g_{B\_A_n} + g_{B\_B_n}}{2} \pm \sqrt{k_n^2 - \left(\frac{g_{B\_A_n} - g_{B\_B_n}}{2}\right)^2} \tag{4-7}$$

　　通过调节损耗元件中的损耗系数，使其等于增益元件中的增益系数，即令 $g_{B\_A_n}=-g_{B\_B_n}=g_{B\_n}$，可使该系统实现 PT 对称状态。此时式(4-7)可以重新写为

$$\omega_n^{(1,2)}=\omega_n\pm\sqrt{k_n^2-g_{B\_n}^2} \tag{4-8}$$

　　式(4-8)给出了系统第 n 个本征模式的本征角频率实部或虚部与增益耦合比之间的关系。当增益系数等于耦合系数，即 $g_{B\_n}=k_n$ 时，系统存在一个奇异点(Exceptional Point, EP)。当增益系数大于耦合系数，即 $g_{B\_n}>k_n$ 时，系统实现了一对共轭振荡模和衰减模的模式，该模式对频率简并，即实现单模振荡，此时该模式处于 PT 破缺状态。当增益系数小于耦合系数，即 $g_{B\_n}<k_n$ 时，任意一个本征模式都会发生有界中性振荡，并存在模式劈裂现象，此时模式处于 PT 非破缺状态。

　　图 4-9 为 PT 对称系统振荡模式抑制原理图。假设只有具有最大增益系数的第 0 个模式处于 PT 破缺状态，即 $g_{B\_n}>k_n$，$n=0$，所有其他模式均处于 PT 非破缺状态，即 $g_{B\_n}<k_n$，$n\neq0$。此时，只有第 0 个模式是一对共轭振荡模和衰减模，频率简并，实现单模振荡，而其他模式均发生有界中性振荡，并存在模式劈裂现象。最终，只有具有最大增益系数的第 0 个模式发生振荡，而其他模式均被抑制，PT 对称系统实现了单模振荡。

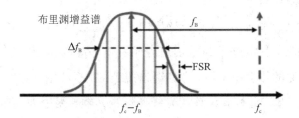

(a) 常规单环光纤环形激光器的增益

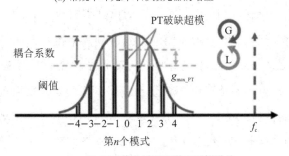

(b) PT对称光纤环形激光器的增益

图 4-9　PT 对称系统振荡模式抑制原理图

　　当然，单环激光器也可以在以下情况实现单模振荡，即只有具有最大增益系数的模式的增益系数大于 1，且其增益不超过增益对比度。增益对比度定义为

$$g_{\max}=g_{B\_0}-g_{B\_1} \tag{4-9}$$

其中，g_{B_0} 表示具有最大增益系数的模式的增益系数；g_{B_1} 表示具有次最大增益系数的模式的增益系数。然而，由于单环激光器中增益对比度 $g_{\max}$ 较小，上述情况在实际操作中很

难实现。

由图 4-9 可知，PT 对称系统中的增益对比度远高于单环系统的增益对比度。在 PT 对称系统中，两个元件间的耦合系数可以作为一个虚拟损耗，因而增益对比度提高。根据式(4-7)，可得 PT 对称系统的增益对比度 $g_{\text{max\_PT}}$ 为

$$g_{\text{max\_PT}} = \sqrt{g_{B\_0}^2 - g_{B\_1}^2} \tag{4-10}$$

则 PT 对称系统相对于普通单环系统增益对比度的增益系数为

$$G = \frac{g_{\text{max\_PT}}}{g_{\text{max}}} = \sqrt{\frac{g_{B\_0}/g_{B\_1} + 1}{g_{B\_0}/g_{B\_1} - 1}} \tag{4-11}$$

布里渊窄线宽光纤激光器以线宽窄、噪声低等优点而广泛应用于光纤传感、光纤遥感以及光纤通信等领域。目前，PT 对称的概念已经广泛应用在物理学领域，尤其是在非线性光学领域。模式选择的有效性是 PT 对称的关键特征，这已经在各种振荡器中得到了证明。

4.2.2　基于铌酸锂相位调制器 Sagnac 环的 PT 对称布里渊光纤激光器

1. 实验结构及原理

我们提出并通过实验验证了一种基于铌酸锂相位调制器 Sagnac 环的单纵模窄线宽 PT 对称布里渊光纤激光器，其可以在 Sagnac 环路单一谐振腔内实现基于偏振态多样化的 PT 对称，并且通过控制光的偏振态特性，即调谐谐振腔的特征频率、增益、损耗和耦合系数，可实现 PT 对称破缺。基于此概念设计的光纤环形激光器，无须高 Q 值光学滤波器，即可有效抑制激光边模，获得稳定的单纵模输出。

所提出的基于铌酸锂相位调制器 Sagnac 环的单纵模窄线宽 PT 对称布里渊光纤激光器的实验装置如图 4-10 所示。NKT 激光器的主光通过偏振控制器(PC1)后，作为泵浦光通过光环形器(Cir1)注入 10 km 的单模光纤中。当泵浦光功率超过受激布里渊散射阈值时，受激布里渊散射产生的 Stokes 光在由 10 km 光纤、Cir1、分光耦合比为 90∶10 的 OC1、Cir2 和铌酸锂相位调制器(Lithium Niobate Phase Modulator, LN-PM)Sagnac 环组成的环形腔中连续循环，并通过 Cir2 注入 LN-PM Sagnac 环路，该 Sagnac 环路由分光耦合比为 50∶50 的 OC2、LN-PM 和两个偏振控制器(PC2 和 PC3)组成。在本实验中，LN-PM 中没有加载电信号调制，而是通过利用 LN 波导的固有双折射形成两个相互耦合的环路，一路经历增益，另一路经历损耗，且分别在 Sagnac 环路中沿顺时针方向和逆时针方向环行。通过调节 PC2 和 PC3 改变注入 LN-PM 的 Stokes 光的偏振状态，精确控制环路中分别沿顺时针方向和逆时针方向的布里渊增益和损耗，并且两束光在同一个铌酸锂相位调制器 Sagnac 环路中传播，两个匹配环路的长度本质上是相同的。当布里渊增益和损耗匹配良好且大于耦合系数时，PT 对称性被破坏，实现单纵模激光输出。单纵模 Stokes 光通过 Cir2 注入环

形腔，并经历多次环行。耦合比为 90∶10 的 OC1 将 Stokes 光分成两束，其中 90% 的一束继续沿环形腔环行，10% 的一束作为 PT 对称布里渊光纤激光输出。PT 对称布里渊光纤激光器输出激光通过 50∶50 的 OC4，并被分为两束。一束单纵模窄线宽激光由分辨率为 0.01 nm 的光谱分析仪（Optical Spectrum Analyzer，OSA）进行观测，另一束在 PD 拍频被转换为电信号后由分辨率为 1 Hz 的 ESA 进行测试。

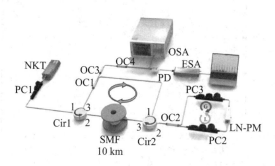

图 4-10　基于铌酸锂相位调制器 Sagnac 环的单纵模窄线宽 PT 对称布里渊光纤激光器的实验装置

2. 光谱仪测试结果

在实验中，NKT 激光器输出的泵浦光波长为 1549.955 nm，线宽为 0.1 kHz，输出功率为 15 dBm。泵浦光和 PT 对称布里渊光纤激光器产生的 Stokes 光的光谱如图 4-11 所示。由于布里渊光纤激光器能够有效地改善噪声，因此本设计中，基于 LN-PM Sagnac 环的 PT 对称布里渊光纤激光器的光信噪比从 52 dB 提高到 63 dB。

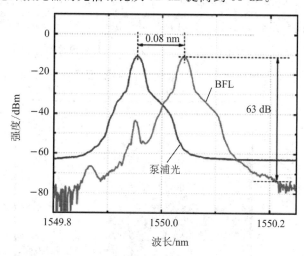

图 4-11　泵浦光和 PT 对称布里渊光纤激光器产生的 Stokes 光的光谱

当泵浦光的输入功率从 0 mW 到 30 mW 变化时，PT 对称布里渊光纤激光器的输出功率特性曲线如图 4-12 所示。泵浦光的输入功率在 NKT 激光器处测量，PT 对称布里渊光纤激光器的输出功率在 OC1 的 10% 端口测量。结果表明，当泵浦光的输入功率为 16 mW

时，输出功率的斜率效率会发生变化。PT 对称布里渊光纤激光器的输出功率达到 0.0045 mW 以上，单纵模稳定运行。

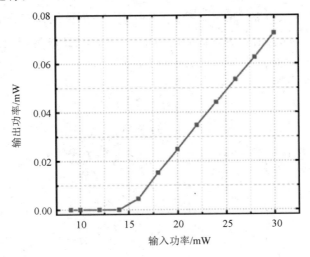

图 4 - 12　PT 对称布里渊光纤激光器的输出功率特性曲线

3. 单纵模的实现

　　PT 对称布里渊光纤激光器的激光拍频频谱如图 4 - 13 所示。当布里渊增益和损耗没有调节到匹配时，PT 对称未破缺，无法实现单纵模激光输出。从图 4 - 13(a)可以看出，在 100 kHz 到 4 MHz 的频率范围内产生了一系列的拍频信号，这表明 PT 对称布里渊光纤激光器工作在多模态下。调谐 PC1 和 PC2 使两个环路的布里渊增益和损耗良好匹配，并使布里渊增益/损耗大于耦合系数，实现 PT 对称破缺，进而实现单纵模窄线宽输出，结果如图 4 - 13(b)所示。与图 4 - 13(a)相比，在 100 kHz～4 MHz 频率范围内，边模的布里渊增益受到了很大的抑制，这证实了布里渊光纤激光器能够实现单纵模激光输出。

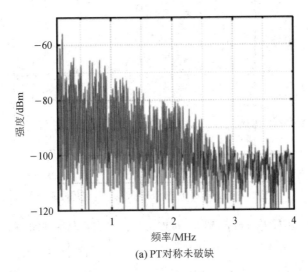

(a) PT 对称未破缺

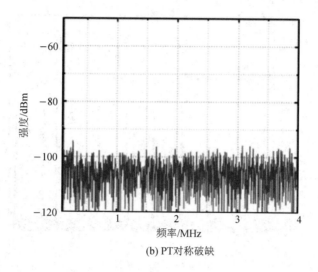

(b) PT对称破缺

图 4-13　PT 对称布里渊光纤激光器的激光拍频频谱

　　图 4-14(a)和图 4-14(b)分别给出了频率范围为 100~300 kHz 的 PT 对称未破缺和 PT 对称破缺的 PT 对称布里渊光纤激光器的激光拍频频谱放大图。通过对比图 4-14(a)和图 4-14(b)，测量到 PT 对称 BFL 的最大边模抑制比为 43 dB，FSR 为 21 kHz。实验结果与理论结果相符。

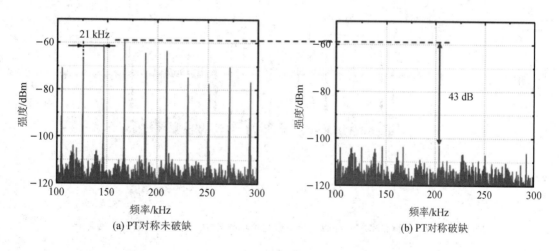

(a) PT对称未破缺　　　　　　　　　　　　(b) PT对称破缺

图 4-14　PT 对称布里渊光纤激光器的激光拍频频谱放大图

　　图 4-15(a)和图 4-15(b)分别为 PT 对称布里渊光纤激光器的激光拍频频谱在 1.1~1.3 MHz、2.1~2.3 MHz 频率范围内 PT 对称未破缺和 PT 对称破缺的放大图。这两个频率范围内 PT 对称未破缺与 PT 对称破缺之间的边模抑制比分别为 34 dB 和 24 dB。

　　根据上述实验结果可知，基于 LN-PM Sagnac 环路的 PT 对称布里渊光纤激光器通过调谐 PC1 和 PC2 使两个环路的布里渊增益和损耗良好匹配，并使布里渊增益/损耗大于耦合系数，实现 PT 对称破缺，进而实现单纵模窄线宽输出，最大边模抑制比可达 43 dB。

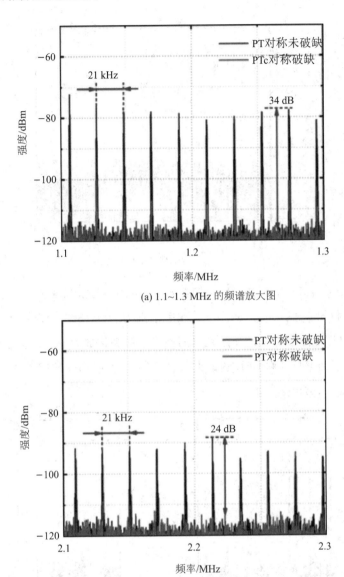

(a) 1.1~1.3 MHz 的频谱放大图

(b) 2.1~2.3 MHz 的频谱放大图

图 4-15　PT 对称布里渊光纤激光器的激光拍频频谱在不同频率范围内的放大图

4. 线宽的测试

实验中构建了另一种装置来测试 PT 对称 BFL 的线宽,如图 4-16 所示。NKT 激光器作为泵的输出通过 50∶50 OC1 分成两个支路,在上部分支路,建造了一个由 Cir2、10 km SMF 和 90∶10 OC2 组成的 BFL。泵浦光通过 Cir2 注入 10 km SMF,其功率超过受激布里渊散射阈值并产生窄线宽 Stokes 光,Stokes 光在环形腔内进行多次往返,实现周期性共振,且每个模式的线宽极窄。该激光通过 10% 的 OC2 输出,并通过分光耦合比为 50∶50 的 OC5 与基于 LN-PM Sagnac 环路的 PT 对称 BFL 输出的激光混合。PT 对称 BFL 和 BFL

通过 PD 拍频后，ESA 可以测量 PT 对称 BFL 的线宽。PT 对称 BFL 在 -20 dB 功率点处线宽的测量结果如图 4-17 所示。

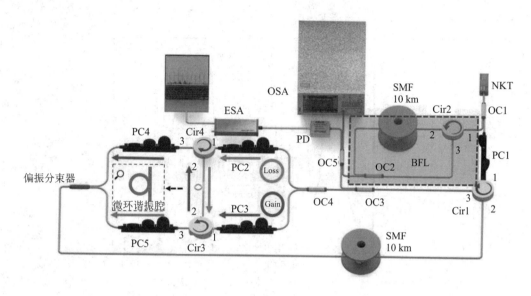

图 4-16　PT 对称 BFL 线宽的测量装置

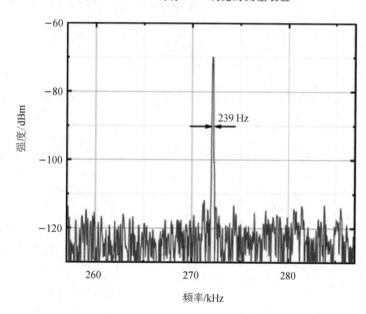

图 4-17　PT 对称 BFL 在 -20 dB 功率点处线宽的测量结果

5. 可调谐范围的测试

PT 对称 BFL 输出与泵浦激光器的布里渊频率相匹配的波长。通过调整泵浦激光器的波长，可以控制 PT 对称 BFL 的波长，使其具有可调范围。由于 NKT 激光器的输出波长可以在 1549.52~1550.65 nm 的范围内调谐，布里渊的频移量不变，因此 PT 对称 BFL 的波长调谐范围为 1549.60~1550.73 nm。图 4-18 显示了当 PT 对称 BFL 的波长分别调谐在 1549.68 nm、1549.88 nm、1550.08 nm、1550.28 nm、1550.48 nm 和 1550.68 nm 时测量的光谱。

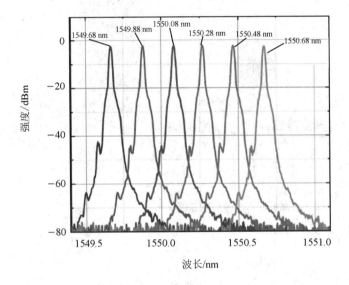

图 4-18 PT 对称 BFL 的波长分别调谐在不同波长时测量的光谱

第 5 章　前向布里渊全光光机械微波光子振荡器

微波光子学是微波技术和光学技术紧密结合所产生的交叉学科，于 20 世纪 70 年代被首次提出。微波光子学最初应用于有线电视，发展到 21 世纪初，其在无线通信中的应用被人们广泛关注。随着时代的发展，微波光子学的应用领域越来越广泛，如战场通信、电子信息战、宽带通信、精密测量等。这些应用场景要求微波光子系统在频率、带宽、动态可调范围以及抗干扰能力上有所提升，这使得微波光子技术面临很大的挑战。

光纤通信技术是利用光导纤维传输信号，以实现信息传递的一种通信技术。由于光纤具有长距离传输、大信息容量、小体积、轻质量、抗电磁和耐腐蚀的优点，因此可以应用到集成光器件、全光网络、光网络智能化、多波长通道、光学内窥镜、雷达和微波系统、光纤传感监测等领域。其中，光纤的后向布里渊散射（Backward Brillouin Scattering，BBS）由于阈值低、线宽窄等特性被研究者们广泛应用在微波光子领域中，用于微波光子信号的产生、微波光子信号的滤波、微波光子相移等。基于光纤中 BBS 的微波信号发生器具有线宽窄、频率可调谐等优点，使得产生的微波信号具有高相干性和大动态范围。但 BBS 较宽的增益带宽，使所产生微波信号的线宽无法突破千赫兹量级。基于前向布里渊散射（Forward Brillouin Scattering，FBS）的光电振荡器能够产生线宽更窄的微波光子信号。但在基于 FBS 的光电振荡器的实验中，都需要 Sagnac 环完成从相位调制到强度调制的转换，同时还需要电光转换装置实现电光调制，以及光电转换器做光电转换。这不仅会影响光电振荡器的性能，还增加了实验装置搭建的复杂性以及实验成本。

因此，我们着眼于研究光纤中的 FBS，利用 FBS 增益带宽相比 BBS 要小的特点，产生线宽更窄的频率可调谐微波光子。首先利用全光纤结构，搭建前向布里渊全光光机械微波光子振荡器，无须 Sagnac 环和电学相关装置，即可实现窄线宽单纵模的微波光子的稳定产生。之后通过对装置进行改进，加入带有未泵浦掺铒光纤（EDF）的 Sagnac 环，实现频率可调谐的窄线宽单纵模的微波光子的产生。这些实验为基于光纤中 FBS 的微波光子系统领域提供了一些具有可行性的研究思路。

5.1　前向受激布里渊散射的实验探测

本节对光纤中前向受激布里渊散射进行探测。由于前向布里渊散射中，极化 R_{0m} 模式的散射效率远大于去极化 TR_{2m} 模式，因此本节研究的是单模光纤内的极化 R_{0m} 模式。因极化 R_{0m} 模式调制的是光的相位，故考虑利用 Sagnac 环干涉仪对单模光纤内的前向受激布里渊散射做实验探测。

5.1.1　Sagnac 环的解调

Sagnac 环实现相位调制和强度调制的转换是基于光学 Kerr 效应，其结构示意图如图 5-1 所示。

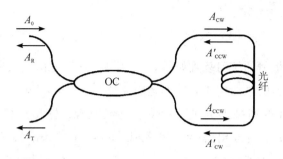

图 5-1　Sagnac 环结构示意图

当光场振幅为 A_0 的连续光信号从 50：50 光耦合器(OC)的上端口输入时，其被均分成顺时针传输和逆时针传输的两束光，且

$$\begin{cases} A_{cw} = kA_0 \\ A_{ccw} = i\sqrt{1-k^2}\,A_0 \end{cases} \tag{5-1}$$

其中，A_{cw} 和 A_{ccw} 分别表示的是顺时针传输和逆时针传输的两束光的光场振幅，k 表示光耦合器的耦合系数。当两束光经过光纤后，会发生自相位调制和交叉相位调制，从而引入非线性相移，并且在环内往返回到光耦合器端口时，还能获得线性相移，因此这两束光再次到达光耦合器时，其光场振幅变为

$$\begin{cases} A'_{cw} = A_{cw}\exp[i\Phi_0 + i\gamma(|A_{cw}|^2 + 2|A_{ccw}|^2)L] \\ A'_{ccw} = A_{ccw}\exp[i\Phi_0 + i\gamma(|A_{ccw}|^2 + 2|A_{cw}|^2)L] \end{cases} \tag{5-2}$$

其中，Φ_0 表示的是线性相移，$\Phi_0 = \beta L$，这里 β 表示传输常数，L 代表腔长；γ 表示光纤的非线性系数。当两束光再次经过光耦合器时，根据光耦合器的传输矩阵得到 Sagnac 环的透射光场振幅 A_T 和反射光场振幅 A_R 满足

$$\begin{pmatrix} A_T \\ A_R \end{pmatrix} = \begin{pmatrix} k & i\sqrt{1-k^2} \\ i\sqrt{1-k^2} & k \end{pmatrix} \begin{pmatrix} A'_{cw} \\ A'_{ccw} \end{pmatrix} \tag{5-3}$$

利用式(5-1)和式(5-2)可以计算出透射光功率和反射光功率：

$$\begin{cases} P_T = P_{in}\left[1 - 2k(1-k)\left(1 + \cos\left\{(1-2k)\dfrac{2\pi}{\lambda}\dfrac{n_2}{A_{eff}}P_{in}L\right\}\right)\right] \\ P_R = P_{in}\left[2k(1-k)\left(1 + \cos\left\{(1-2k)\dfrac{2\pi}{\lambda}\dfrac{n_2}{A_{eff}}P_{in}L\right\}\right)\right] \end{cases} \tag{5-4}$$

式中，P_{in} 是输入的光功率，$P_{in} = |A_0|^2$；λ 是入射泵浦光的波长；n_2 是非线性折射率。根据 Sagnac 环的原理我们可推导，当环中的 SMF 受泵浦光激发产生前向受激布里渊散射时，引入了对两束光的相位调制，之后随着这两束光在腔内往返，其光场振幅发生变化，且满足相位匹配条件的光在透射端口被相长干涉输出，不满足相位匹配条件的光在反射端口输出。因此我们可以通过调节环内环外的 PC，在 Sagnac 环的透射端口经 PD 拍频将光信号转换为电信号后，在 ESA 上观察到前向受激布里渊散射。

5.1.2　实验装置

　　前向受激布里渊散射的探测装置如图 5-2 所示。此装置由最大输出功率为 14 dBm 的可调谐激光源(TLS)提供泵浦输出,打入光隔离器(isolator,ISO)后,确定泵浦光传输方向,阻止从 Sagnac 环返回来的光波,避免损害激光源。输出光经过由 20 m 掺铒光纤(EDF)、980/1550 nm 波分复用器(Wavelength Division Multiplexer,WDM)、980 nm 泵浦源组成的掺铒光纤放大器(EDFA)实现放大,经过偏振控制器(PC1)改变极化偏振状态,再经四端口 50:50 光耦合器(OC1)分成两束相同功率的光输入由 5 km 单模光纤(SMF)和 PC2 组成的 Sagnac 环中,其中一束光沿着环顺时针传输,另一束光沿着环逆时针传输,最后再回到耦合器中。从耦合器反射端反射回来的光被隔离器隔离,从透射端透射过来的光被 OC2 等分成两束,一束被光谱分析仪(OSA)探测分析,另一束进入光电探测器(PD)后转换为电信号被电频谱分析仪(ESA)探测分析。

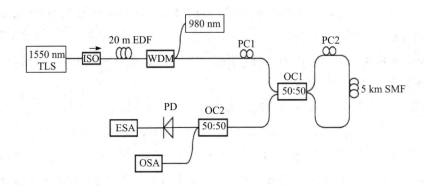

图 5-2　前向受激布里渊散射的探测装置

　　本实验研究中所使用的泵浦光源是由上海瀚宇所销售的 VENUS 系列 976 nm 多模泵浦激光光源,是一款集高功率光纤激光器和光纤放大器等应用于一身的高稳定性泵浦光源。其内部置有单管(Single Emitter)泵浦激光器,能够实现高功率且高亮度的激光输出,并结合高精度的恒功率控制(APC)和恒电流控制(ACC)的控制电路,实现了激光器的稳定输出,操作界面直观便捷。该泵浦源能够实现对 1030~1090 nm 波段反向 ASE 光大于 30 dB 的隔离,从而避免 ASE 光对泵浦激光器的损坏,并且具有特定的主动波长锁定技术,峰值波长能够锁定在(976±3) nm,提升了光源波长的稳定性和使用效率。该仪器是一款功能高度集成化的台式系统光源仪器,采用高清液晶显示器(LCD),输出功率连续可调,电流电压同步显示,非常适合用于实验科学研究和生产测试。实验中所使用的 EDF 是 Nufern 公司的高性能 C 波段掺铒光纤 EDFG-980-HP。该 C 波段掺铒光纤可以在波长为 980 nm 和 1480 nm 的两个波段工作。实验中使用的 5 km 单模光纤是由康宁公司生产的 Corning SMF-28e+,波长为 1550 nm,最大衰减值范围为 0.19~0.20 dB/km。其包层直径为 (125±0.7) μm,波长色散值小于 18.0 ps/(nm·km)。

本实验中用来探测输出信号的光谱分析仪是由 Anristu 公司生产的 MS9740A，其波长测量范围是 $600 \sim 1750$ nm，0.2 秒以下/5 nm 的测试速度可缩短对光有源器件解析的时间。该光谱分析仪的最小分辨率带宽为 30 pm，动态范围为 60 dB，其功耗低、重量轻。用来探测输出信号的电频谱分析仪是 Signal Hound SA 124B，其频率探测范围为 100 kHz$\sim$12.4 GHz，分辨率带宽为 1 Hz$\sim$250 kHz 和 6 MHz。

实验中，我们将可调谐激光源的功率设置在 14 dBm，980 nm 泵浦功率设置在 100 mW。泵浦光经掺铒光纤放大后打入 Sagnac 环中激发 5 km SMF 的前向受激布里渊散射，然后通过调节环内环外的 PC，使前向受激布里渊散射光和 1550 nm 激光的偏振态保持一致。由受激布里渊散射引入信号光的相位调制在 Sagnac 环输出端转换为强度调制。其干涉信号进入光电探测器中拍频输出到电频谱分析仪探测。实验中光谱分析仪的分辨率带宽（RBW）为 0.03 nm，视频带宽（VBW）为 1 kHz，采样点为 1001。电频谱分析仪的 RBW 和 VBW 都为 100 kHz。

5.1.3　实验结果

表 5-1 展示了在上述实验装置和实验条件下测量的极化 R_{0m} 模式前向受激布里渊散射的声学频率。表中的 m 代表的是极化 R_{0m} 模式的阶数，Obs 代表的是 ESA 上所观察到的频率值，Cal 代表的是通过仿真软件计算得到的理论声学频率。从计算和实验结果可以看出，该探测装置产生了 12 阶极化 R_{0m} 模式，且相邻模式的频率间隔近似等于 50 MHz。这是由前向受激布里渊散射的声波色散关系所致。

表 5-1　极化 R_{0m} 模式前向受激布里渊散射的声学频率

R_{0m}/MHz					
m	Obs	Cal	m	Obs	Cal
1	32.07	29.72	7	319.79	313.68
2	80.87	79.62	8	368.53	360.47
3	128.81	127.20	9	415.50	407.29
4	177.10	173.44	10	463.70	453.60
5	225.10	220.32	11	510.44	511.62
6	272.10	267.31	12	557.30	546.69

前向受激布里渊散射的探测结果如图 5-3 所示。在 $0 \sim 600$ MHz 的频率范围内，我们观察到 12 阶的前向极化 R_{0m} 模式 Stokes 波和 31 阶的前向极化 TR_{2m} 模式 Stokes 波。其中 R_{0m} 模式 Stokes 波的频率与理论计算的频率能够完全匹配，并且 TR_{2m} 模式 Stokes 波的频率也几乎匹配。在极化 R_{0m} 模式 Stokes 波中，频率为 319 MHz 的 R_{07} 阶 Stokes 波具有最

大的声学增益因子。因此在该探测结果中，最高的前向受激布里渊散射增益功率为
-93 dB，其增益带宽如右上角插图所示，在分辨率带宽为 100 kHz，频谱宽度为 10 MHz
的条件下，其下降 3 dB 的增益带宽近似为 5.5 MHz。

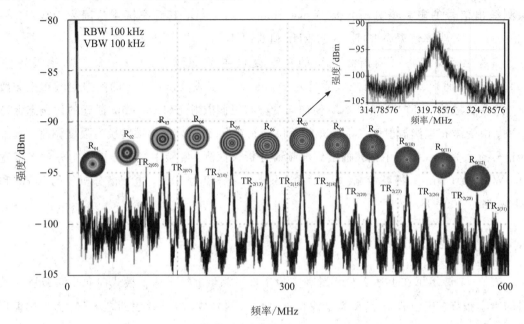

图 5-3　前向受激布里渊散射的探测结果

此外，我们利用 Comsol 有限元分析法对前向极化 R_{0m} 模式的声波场做进一步仿真，
结果如图 5-4 所示，可以看到在光纤横截面方向，声波场沿着光纤径向均匀振动，声波能
量被束缚在整个光纤截面内。随着声波模式阶数的增加，声波场的能量向光纤纤芯集中的
同时，亮暗环的个数逐渐增加，这反映了声波场振荡次数的增加。

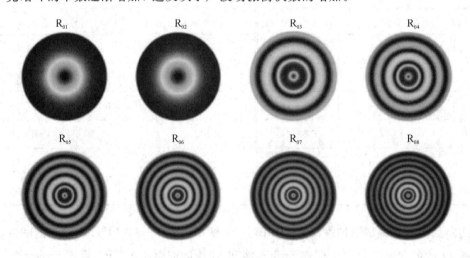

图 5-4　极化 R_{0m} 模式的声波场仿真结果

在 Comsol 的理论模型仿真中，我们以 SMF28 作为研究对象，此单模光纤纤芯直径为

8.4 μm、折射率为 1.4492，包层直径为 125 μm、折射率为 1.444。此单模光纤的物理参数如表 5-2 所示。

表 5-2　单模光纤物理参数表

光纤结构	刚度系数	弹光系数	密度/(kg·m^{-3})
光纤纤芯	$C_{11}=76$，$C_{12}=16.15$，$C_{44}=29.9$	$P_{11}=0.12$，$P_{12}=0.27$，$P_{44}=-0.073$	2254
光纤包层	$C_{11}=78$，$C_{12}=16$，$C_{44}=31$	$P_{11}=0.12$，$P_{12}=0.27$，$P_{44}=-0.073$	2303

参与前向受激布里渊散射的横向声学模式只分布在单模光纤的横截面上，因此只考虑 xOy 平面内的情形。声波质点在电致伸缩作用下的位移方程为

$$\rho\frac{\partial^2 \mu_i}{\partial t^2} - (C_{ijkl}u_{k,l})_j = -T_{ij,j}^{es} \tag{5-5}$$

其中 ρ 为介质密度。

电致伸缩力为

$$T_{ij}^{es} = -\varepsilon_0 \chi_{klij} E_k E_l^* \, e^{i(qz-\omega t)} \tag{5-6}$$

式中，ε_0 为真空介电常数；χ_{klij} 为四阶极化张量，$\chi_{klij}=\varepsilon_{km}\varepsilon_{ln}p_{mnij}$，其中 ε_{km} 和 ε_{ln} 为介质的介电张量，p_{mnij} 为四阶弹光张量；q 为声模波矢量；ω 为声模频率；$E_k E_l^*$ 为电场并矢。

光纤材料为二氧化硅材料，属于各向同性介质，需要考虑材料的粘滞阻力，去刚度矩阵为 C_{ijkl} 复数，表示为

$$[C_{ijkl}] = \begin{bmatrix} c'_{11} & c'_{12} & c'_{12} & 0 & 0 & 0 \\ c'_{12} & c'_{11} & c'_{12} & 0 & 0 & 0 \\ c'_{12} & c'_{12} & c'_{11} & 0 & 0 & 0 \\ 0 & 0 & 0 & c'_{14} & 0 & 0 \\ 0 & 0 & 0 & 0 & c'_{14} & 0 \\ 0 & 0 & 0 & 0 & 0 & 0 \end{bmatrix} \tag{5-7}$$

式中，$c'_{ij}=c_{ij}+m_{ij}$，c_{ij} 和 m_{ij} 分别为刚度矩阵的实部和虚部，且 $m_{ij}=-i\cdot\omega\cdot\eta_{ij}$，$\eta_{ij}=c_{ij}/Q\cdot\omega$，其中 η_{ij} 为材料粘滞系数，Q 为材料品质因数，对于二氧化硅材料 Q 值取 1000。在前向受激布里渊散射中，由于横向声学模式垂直于光纤的轴向，因此声模波矢量约为零。利用上述公式可得出每种横向声模的位移场分布以及相应的应变场分布。

在完成了前向受激布里渊散射的实验探测后，我们将探测结果、理论分析结果与先前研究者们的探究结果进行了详细的比对，发现在同样结构的激发光纤介质中产生的受激布里渊散射频率能够匹配，且相邻频率的间隔也近乎相同，因此我们证实了前向受激布里渊散射的实验探测的可行性，并在此基础上开启了接下来的研究。

5.2 基于双环结构的窄线宽全光光机械微波光子产生机理

本节提出一种利用双环前向布里渊光纤激光器产生窄线宽单纵模全光光机械微波光子的方案。对比被动锁模激光器，该激光器仅仅产生一阶全光光机械微波光子信号；对比光机械振荡器，该激光器不再需要 Sagnac 环和电学装置做信号的解调输出和调制反馈。方案中将 5 km 单模光纤作为主环腔提供前向受激布里渊散射增益，并压窄全光光机械微波光子线宽；将 300 m 单模光纤作为副环腔，构建双环腔结构，基于游标效应实现全光光机械微波光子的单纵模输出。在 300 mW 的 980 nm 泵浦阈值功率条件下，通过掺铒光纤形成的自激布里渊泵浦与激发的前向受激布里渊散射 R_{07} 阶 Stokes 波拍频产生频率为 319.79 MHz、线宽小于 1 Hz 的 R_{07} 阶全光光机械微波光子，声模抑制比和边模抑制比分别为 22 dB 和 36 dB，实现了 R_{07} 阶全光光机械微波光子的单纵模输出。在 20 分钟内的稳定性测量实验中，其功率稳定性和频率稳定性波动仅为 ±1 dB 和 ±0.5 MHz。

5.2.1 基于双环腔结构的单纵模实现原理

在一般的光纤环形谐振腔内，光纤环腔的模式间隔为

$$\Delta f = \frac{c}{nL} \tag{5-8}$$

其中，c 是真空中的光速，n 是光纤的有效折射率，L 代表谐振腔腔长。

由式(5-8)可以看出，光纤环腔的纵模间隔取决于环腔的总腔长。由于本实验中用于激发前向布里渊散射的主环腔内单模光纤长度为 5 km，因此腔内的连接光纤长度可以忽略不计。在 $c=3\times10^8$ m/s，$n=1.5$ 时，计算出腔内纵模间隔为 40 kHz。而根据图 5-3 我们了解到前向受激布里渊散射增益带宽在 5.5 MHz 左右，因此在前向受激布里渊增益范围内会有 130 多个纵模，这些纵模会与主模构成模式竞争，同时引入更多的相噪，造成全光光机械微波光子频率的不稳定。为此我们在激光器结构中引入 300 m 单模光纤副环腔，并基于双环腔结构的游标效应，达到抑制主模附近边模的作用，实现全光光机械微波光子的单纵模输出。

R_{07} 阶 Stokes 波单纵模输出示意图如图 5-5 所示。频率为 ν_P 的自激布里渊泵浦打入主环腔的 5 km 单模光纤内激发多阶前向受激布里渊散射 Stokes 波，如图中虚线所示。在可调光滤波器的作用下，特定阶数以外的前向受激布里渊散射 Stokes 波被滤除。在实验中，我们选定具有最高声学增益因子的 R_{07} 阶 Stokes 波的频率作为全光光机械微波光子振荡频率，如图中实线所示。从图 5-5 的黑色虚线框中我们看到，由于前向受激布里渊散射 Stokes 波的增益带宽超过谐振腔的有效自由光谱宽度，因此在 R_{07} 阶 Stokes 波的增益带宽内有多个频率间隔为 FSR_1 的纵模。这些纵模与主模有一定的增益竞争关系，所以为了抑

制这些纵模，我们加入了频率间隔为 FSR_2 的副环腔。调节双环腔内的 PC，使两个腔内的某一纵模都能与 R_{07} 阶 Stokes 波的中心频率对齐，此时主、副环腔的自由光谱宽度满足最小公倍数条件，即

$$FSR = n_1 FSR_1 = n_2 FSR_2 \qquad (5-9)$$

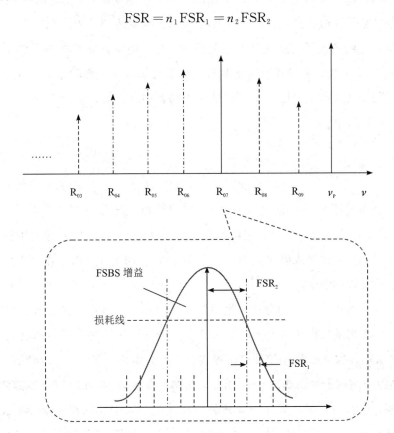

图 5 - 5　R_{07} 阶 Stokes 波单纵模输出示意图

在谐振腔内 R_{07} 阶 Stokes 波增益大于损耗的条件下，只会产生频率间隔为 FSR 的纵模。此时与该纵模对齐的 R_{07} 阶 Stokes 波将被输出，而其他无法与之对齐的纵模将被有效地抑制，从而实现 R_{07} 阶 Stokes 波的单纵模输出。

在本次实验中，激光器主环腔由 5 km 单模光纤组成，副环腔由 300 m 单模光纤组成。主环腔和副环腔的有效自由光谱计算公式为

$$FSR_m = \frac{c}{n L_m} \quad (m = 1, 2) \qquad (5-10)$$

其中，L_m 是主环腔或副环腔的腔长；n 是单模光纤的有效折射率，$n = 1.4682$；c 是真空中的光速，$c = 3 \times 10^8$ m/s。5 km 单模光纤主环腔的自由光谱宽度为 40 kHz，300 m 单模光纤副环腔的自由光谱宽度为 680 kHz。通过仔细地调节双环腔内的 PC，我们将 R_{07} 阶 Stokes 波的中心频率与主、副环腔内的某一纵模同时对齐，从而抑制 R_{07} 阶 Stokes 波与附近纵模的模式竞争，实现 FSR 为 680 kHz 的 R_{07} 阶 Stokes 波单纵模输出。

5.2.2 全光光机械微波光子的窄线宽实现原理

全光光机械微波光子的窄线宽实现原理是利用腔精细度公式计算出前向布里渊光纤激光器的精细度,然后利用线宽压缩原理实现全光光机械微波光子的线宽压窄。

布里渊掺铒光纤激光器具有独特的线宽特性,能够将线宽较宽的布里渊泵浦光转换为窄线宽布里渊 Stokes 光。研究者们对受激布里渊散射耦合波方程和布里渊光纤激光器的线宽压缩效应进行了理论研究,得出布里渊泵浦光线宽和产生的布里渊 Stokes 激光线宽之间的一个关系,具体如下:

$$\Delta\nu_{\mathrm{S}} = \frac{\Delta\nu_{\mathrm{P}}}{\left(1 + \dfrac{\pi\Delta\nu_{B}}{-c\ln R/nL}\right)^{2}} \qquad (5-11)$$

式中,$\Delta\nu_{\mathrm{S}}$ 代表布里渊 Stokes 激光的线宽,$\Delta\nu_{B}$ 是单模光纤布里渊增益带宽,L 是光纤长度,c/n 是光纤中的光速,R 是激光腔内的振幅反馈系数。一个全光纤谐振腔的精细度很容易达到 100 的量级,因此当入射线宽为几十 kHz 的布里渊泵浦光时,理论上可以输出线宽为几个 Hz 的 Stokes 激光。

对于激光器谐振腔精细度的分析,我们首先了解到光学谐振腔是激光器的基本组成单元,其还可以在激光系统中作为光波长的选择器。光学谐振腔的振荡模式为腔内光波的频率、相位、振幅等参数呈稳定分布对应的振荡状态。光场的一种稳定分布状态就是一种振荡模式。F-P 腔的结构示意图如图 5-6 所示。当两个平面镜 M_1 和 M_2 平行放置时,它们中间为自由空间,光波在两镜之间反射导致腔内波发生相长干涉和相消干涉,从 M_1 反射向右边传输的波和从 M_2 反射向左边传输的波发生干涉,最终在腔内形成了一系列驻波。假设镜面用金属涂覆,则镜面场的电场必须为 0。要满足上述条件,则谐振腔的腔长 L 必定等于半波长 $\lambda/2$ 的整数倍,也就是

$$m\left(\frac{\lambda}{2}\right) = L \quad (m = 1, 2, 3, \cdots) \qquad (5-12)$$

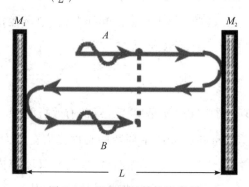

图 5-6 F-P 腔的结构示意图

对于一个给定的 m 值,满足方程的特定波长记作 λ_m,定义为谐振腔的模式。由于光频

率为 ν，光波长为 λ，其关系为 $\nu = c/\lambda$，c 是光速，因此这些模式的相应频率 ν_m 是腔的谐振频率，即

$$\nu_m = m\left(\frac{c}{2L}\right) = m\nu \tag{5-13}$$

记

$$\nu_f = \frac{c}{nL} \tag{5-14}$$

ν_f 是对应 $m=1$（基模）的最低频率，也是两相邻模式的频率间隔，即 $\Delta\nu_m = \nu_{m+1} - \nu_m = \nu_f$，被定义为自由光谱宽度。谐振腔的频谱为梳状谱，对应于 F-P 腔内，小的镜反射率意味着腔有着更大的辐射损耗，这将影响腔内的强度分布。谱宽用公式表达为

$$\delta\nu_m = \frac{\nu_f}{F} \tag{5-15}$$

式中

$$F = \frac{\pi R^{\frac{1}{2}}}{1-R} \tag{5-16}$$

F 称为谐振腔的精细度，随着损耗的降低而增加，大的精细度会导致尖锐的模峰。一般而言，精细度是模式间隔 $\Delta\nu_m$ 和谱宽 $\delta\nu_m$ 的比值。在满足共振的谐振腔内，精细度还可以表示为

$$F = \frac{\text{FSR}}{\Delta f} = \frac{\pi\sqrt{K_r}}{1-K_r} \tag{5-17}$$

式中，K_r 表示满足共振条件的强度耦合系数。我们可以将实验装置的损耗参数、腔内自由光谱宽度，以及环形谐振腔的插入损失代入公式（5-11）和（5-16），从而计算出经线宽压缩后的前向布里渊全光光机械微波光子的真实线宽。

5.2.3　基于双环结构的窄线宽微波光子产生实验

为了实现窄线宽单纵模全光光机械微波光子的产生，我们搭建了如图 5-7 所示的基于双环前向布里渊光纤激光器的实验装置。该激光器由一个 5 km 单模光纤主环腔和一个 300 m 单模光纤副环腔组成。主环腔内，由 980 nm 泵浦源、波分复用器（WDM）和 20 m 掺铒光纤（EDF）组成的掺铒光纤放大器用来提供泵浦输出；5 km 单模光纤（SMF）用来激发前向受激布里渊散射；光隔离器（ISO）用来确定激光器内的光输出方向；4 端口的 50∶50 光耦合器（OC）用来接入副环腔构成双环结构；可调光滤波器（Tunable Optical Filter，TOF）用来滤除声学增益因子相对较低的前向受激布里渊 Stokes 波；PC1 用来调节腔内光的偏振态；3 端口的 90∶10 光耦合器用来输出探测光信号。副环腔由 300 m 单模光纤和 PC2 组成，用来实现全光光机械微波光子的单纵模输出。

图 5-7　基于双环前向布里渊光纤激光器的全光光机械微波光子产生实验装置

下面描述实验过程。980 nm 泵浦源通过 980/1550 nm 波分复用器耦合进入 20 m 掺铒光纤中产生掺铒光纤放大增益，在光隔离器和可调光滤波器的作用下沿着主环腔逆时针循环放大产生特定波长的自激布里渊泵浦。自激布里渊泵浦耦合进入 5 km 单模光纤内，激发光纤的前向自发布里渊散射。随着 980 nm 泵浦功率的升高，前向自发布里渊散射将演变成前向受激布里渊散射。当腔内的泵浦功率超过前向受激布里渊散射阈值，且满足前向受激布里渊散射增益大于损耗的条件时，将产生前向受激布里渊 Stokes 激光。通过调节主环腔内的偏振控制器，保持 Stokes 激光偏振状态与自激布里渊泵浦一致。同时通过调节可调光滤波器的波长，滤除 R_{07} 阶 Stokes 波以外的光波。激光通过 50：50 光耦合器在 300 m 单模光纤副环腔内循环。调节副环腔内的偏振控制器，将双环腔的自由光谱宽度内的纵模与 R_{07} 阶 Stokes 波的中心频率对齐，通过游标效应抑制 R_{07} 阶 Stokes 波附近的纵模，实现 R_{07} 阶 Stokes 波的单纵模输出。输出的激光经 90：10 光耦合器后分成两束光，90% 输出光部分沿着双环腔继续逆时针循环振荡，10% 输出光部分再经 50：50 光耦合器分成两束激光，一束激光被 0.03 nm 分辨率带宽、1 kHz 视频带宽、1001 采样点的光谱分析仪（OSA）探测，另一束激光与自激布里渊泵浦光在光电探测器（PD）中拍频产生全光光机械微波光子信号并经 0.03 kHz 视频带宽和分辨率带宽的电频谱分析仪（ESA）探测。

5.2.4　实验结果分析

我们首先分析激光器总体输出功率、R_{07} 阶全光光机械微波光子功率和 980 nm 泵浦功率的关系。如图 5-8 所示，圆形数据点表示 500 mW 内激光器总体输出功率随 980 nm 泵浦功率的变化。随着 980 nm 泵浦功率从 0 W 升高到 500 mW，激光器总体输出功率从 0 W 提升到 1.2 mW。从拟合曲线来看，两者之间呈明显的线性关系。图 5-8 中方形数据点表示 500 mW 内 R_{07} 阶全光光机械微波光子功率随 980 nm 泵浦功率的变化。在 0～300 mW 的 980 nm 泵浦功率的提升过程中，R_{07} 阶全光光机械微波光子功率增加缓慢，仅从 0 增加到

9.2×10^{-5} mW。而在 300～460 mW 的 980 nm 泵浦功率的提升过程中，R_{07} 阶全光光机械微波光子功率增加显著，从 9.2×10^{-5} mW 增加到 4.8×10^{-4} mW，然后在 460～500 mW 的 980 nm 泵浦功率的提升过程中逐渐平坦并趋向饱和，不再随 980 nm 泵浦功率的提升而显著增加。最高的 R_{07} 阶全光光机械微波光子功率达到 6.1×10^{-4} mW。从图 5-8 中我们判断单模光纤内前向自发布里渊散射演变成前向受激布里渊散射的阈值为 300 mW。

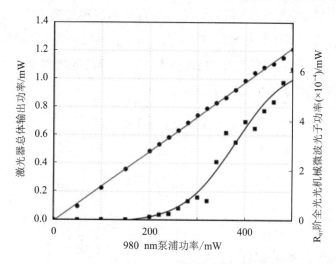

图 5-8　激光器总体输出功率、R_{07} 阶全光光机械微波光子功率和 980 nm 泵浦功率的关系

　　下面我们对光谱分析仪所探测到的前向布里渊光纤激光器的光谱做简要分析。如图 5-9 所示，ASE 打入滤波器输出光指的是仅在滤波器作用下的掺铒光纤放大器自发辐射光，而激光器输出光指的是前向布里渊光纤激光器装置产生的前向布里渊激光。

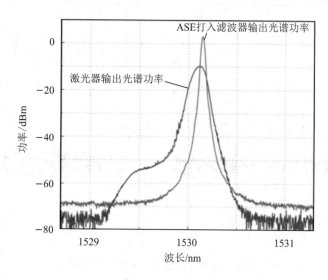

图 5-9　前向布里渊光纤激光器输出光谱

在证实前向布里渊激光的产生后，我们进一步印证 R_{07} 阶全光光机械微波光子的单纵模输出。首先我们去掉双环腔内的 300 m 单模光纤副环腔，仅采用 5 km 单模光纤的主环腔，通过调节可调光滤波器的中心波长及主环腔内的 PC，产生不同频率的前向受激布里渊 Stokes 波。实验中探测到的不同声学模式振荡的前向受激布里渊散射频谱如图 5-10 所示，由图可知 R_{07}、R_{08}、R_{09}、R_{010} 阶声学模式的频率分别为 319 MHz、368 MHz、414 MHz、467 MHz，相邻阶声学模式的频率间隔接近 50 MHz。由于在前向受激布里渊散射中，频率为 319 MHz 的 R_{07} 阶声学模式的增益因子最高，因此在本文实验中，我们以 R_{07} 阶声学模式作为研究对象，对比其在 5 km 主环腔内有无 300 m 副环腔的实验结果，来解释和印证 R_{07} 阶全光光机械微波光子的单纵模输出。

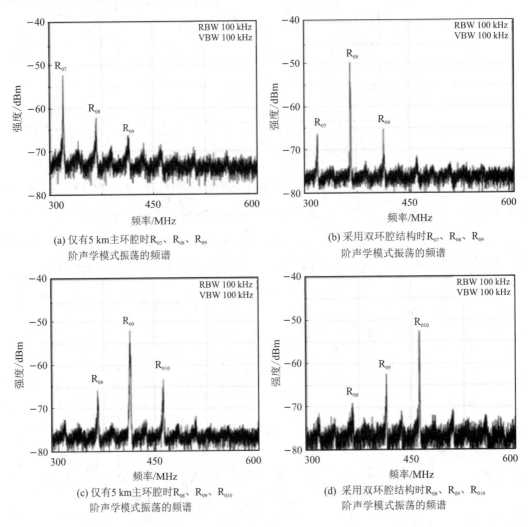

图 5-10　不同声学模式振荡的前向受激布里渊散射频谱

在基于双环腔结构的单纵模实现原理的分析中，我们根据公式(5-10)计算出 5 km 主环腔和 300 m 副环腔的自由光谱宽度分别是 40 kHz 和 680 kHz，根据公式(5-9)计算出

5 km 主环腔无 300 m 副环腔的有效自由光谱宽度是 40 kHz，有 300 m 副环腔的有效自由光谱宽度是 680 kHz。由此，我们对前向布里渊光纤激光器装置有无副环腔的实验结果进行对比分析，得到不同情况下 R_{07} 阶全光光机械微波光子的单纵模输出探测结果如图5-11所示。图 5-11(a)、(c)、(e)分别展示了仅有 5 km 主环腔时产生的 R_{07} 阶全光光机械微波

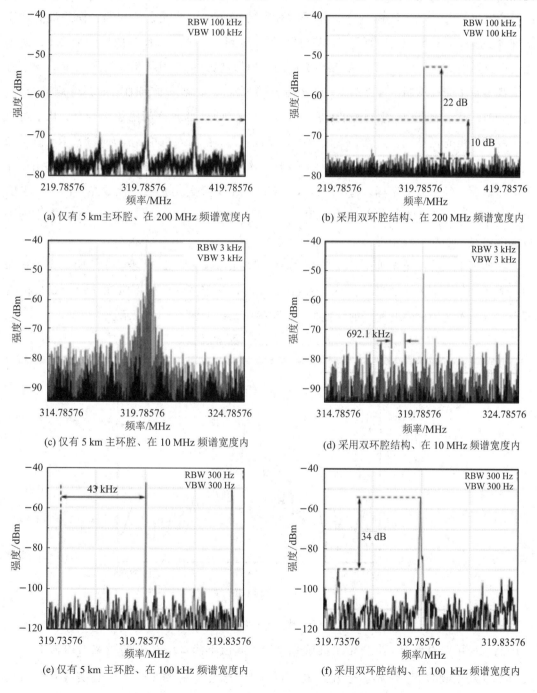

图 5-11　不同情况下 R_{07} 阶全光光机械微波光子的单纵模输出探测结果

光子在 200 MHz、10 MHz 和 100 kHz 频谱宽度内的探测结果。图 5-11(b)、(d)、(f)展示了采用双环腔结构时产生的 R_{07} 阶全光光机械微波光子在同样的频谱宽度内的探测结果。从图 5-11(e)中可以看到，在没有加入 300 m 副环腔时，产生的 R_{07} 阶全光光机械微波光子在 100 kHz 频谱宽度内与相邻纵模的频率间隔为 43 kHz，几乎对应 5 km 单模光纤的自由光谱宽度。从图 5-11(a)可以看出，R_{07} 阶全光光机械微波光子的相邻声模并没有被完全抑制。而对比图 5-11(a)和图 5-11(b)，可以看到加入 300 m 副环腔后产生的 R_{07} 阶全光光机械微波光子在 200 MHz 的频谱宽度内声模抑制比达 22 dB，相邻的 R_{06}、R_{08}、R_{09} 阶声模都得到了完全抑制。对比图 5-11(c)和图 5-11(d)，可以看到加入 300 m 副环腔后，在 10 MHz 频谱宽度内，主环腔产生的纵模以 692.1 kHz 的频率间隔得到抑制，几乎对应双环腔的自由光谱宽度。从图 5-11(e)、(f)可以看出，在加入 300 m 副环腔后，R_{07} 阶全光光机械微波光子的相邻纵模得到有效的抑制，其纵模抑制比达到 36 dB。由此我们利用双环前向布里渊光纤激光器结构，基于游标效应实现了 R_{07} 阶全光光机械微波光子的单纵模输出，有效避免了 R_{07} 阶全光光机械微波光子主模与其相邻边模的增益竞争，提高了全光光机械微波光子的频率稳定性。

在印证 R_{07} 阶全光光机械微波光子的单纵模输出后，我们进一步将 R_{07} 阶全光光机械微波光子的频谱宽度拓宽到 200 Hz，并将 ESA 的视频带宽和分辨率带宽均设为 3 Hz，观察 R_{07} 阶全光光机械微波光子的线宽值，得到探测结果如图 5-12 所示。

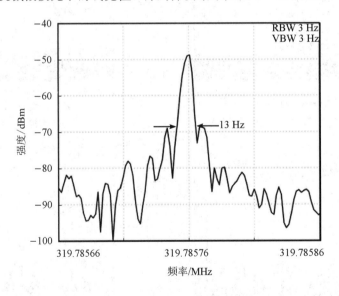

图 5-12 R_{07} 阶全光光机械微波光子的线宽探测结果

从图中可以看到 R_{07} 阶全光光机械微波光子峰值下降 20 dB 处的线宽大约为 13 Hz，是其真实线宽值的 $2\sqrt{99}$ 倍。也就是说，R_{07} 阶全光光机械微波光子的真实线宽只有约 0.65 Hz。但由于本实验中所使用的 ESA 的最低测量分辨率为 1 Hz，因此所提出的双环前向布里渊光纤激光器实现的 R_{07} 阶全光光机械微波光子的线宽小于 1 Hz。

根据 5.2.2 节所提出的线宽压缩公式，我们代入参数对线宽进行验证。在该激光器结构中，整体腔长为 5 km，对应的腔自由光谱宽度为 40 kHz。真空中的光速 $c=3\times10^8$ m/s，光纤中的有效折射率 $n=1.4683$，产生的 R_{07} 阶前向布里渊散射增益线宽为 5.5 MHz。激光器内谐振腔的振幅反馈系数 R 为 0.6156，满足腔内共振条件的强度耦合系数 K_r 为 0.98。将上述数值代入公式 (5-11) 和 (5-17)，我们计算出全光光机械微波光子的线宽值近似为 15.76 Hz。由于存在计算误差以及未被考虑进线宽压缩公式内的损耗，因此由 ESA 探测到的 R_{07} 阶全光光机械微波光子线宽与计算出来的理论值存在误差，但仍处在一个量级之内。

本次实验的最后，我们对 R_{07} 阶全光光机械微波光子的频率和功率稳定性进行观测。根据图 5-7，我们将双环腔内的 5 km 和 300 m 单模光纤放置在 25℃ 的恒温箱中，观察 20 min 内 R_{07} 阶全光光机械微波光子的功率和频率变化，得到观测结果如图 5-13 所示。图 5-13 中方形数据点线代表 R_{07} 阶全光光机械微波光子在 20 min 内的功率变化。在前 10 min 内，其功率浮动为 ±1 dB；在后 10 min 内，其功率浮动为 ±0.5 dB。这可能是 980 nm 泵浦源早期输出的稳定性不足所致。图 5-13 中圆形数据点线代表 R_{07} 阶全光光机械微波光子的频率变化，在 20 min 内，其频率浮动为 ±0.5 MHz。这可能是由于实验装置所处环境的温度变化影响前向极化 R_{0m} 声学模式的特征值，从而改变 R_{07} 阶全光光机械微波光子的频率。但从总体来说，R_{07} 阶全光光机械微波光子的功率和频率在 20 min 内浮动都很小，稳定性较好。

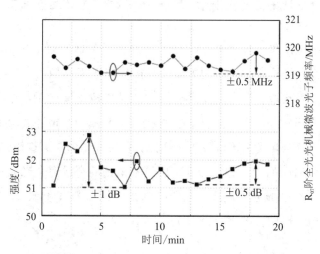

图 5-13　R_{07} 阶全光光机械微波光子的功率和频率稳定性观测结果

综上所述，我们提出一种利用双环前向布里渊光纤激光器产生窄线宽单纵模全光光机械微波光子的方案。此方案通过激发 5 km 单模光纤产生前向受激布里渊散射，利用激光器的谐振腔结构压窄全光光机械微波光子线宽，利用双环腔结构实现全光光机械微波光子单纵模输出。实验结果表明，该前向布里渊光纤激光器实现了声学频率为 319 MHz，对应极化前向受激布里渊散射 R_{07} 阶声学模式的全光光机械微波光子的产生。产生的 R_{07} 阶全光光机械微波光子下降 3 dB 的线宽仅在几赫兹的量级。其声模抑制比和边模抑制比分别为 22 dB 和 36 dB，实现了单纵模输出。此外，该全光光机械微波光子信号在 20 min 内的功率稳定性和频率稳定性变化分别仅为 ±1 dB 和 ±0.5 MHz。这样一种用于产生窄线宽单纵模全光光机械微波光子的双环前向布里渊光纤激光器，不会产生被动锁模激光器中的高阶高次谐波，也不再需要光电振荡器中的 Sagnac 环的解调和电学装置的调制，为基于前向布里渊散射的全光光机械微波光子的产生方式提供了一种新的可能。

5.3　新型可调谐全光光机械微波光子产生方案及机理研究

光纤后向布里渊散射的窄增益带宽、频率可调谐的优势，使其成为窄线宽可调谐全光光机械微波光子产生技术的首要选择，可以被广泛用于长距离通信、光纤无线电系统、宽带无线接入网络等领域。在现有研究中，冯新焕课题组通过调整泵浦光波长来改变后向布里渊频移，从而实现全光光机械微波光子频率的可调谐。其调谐范围为 10.39～10.67 GHz，同时线宽小于 600 kHz。张彭课题组使用一个带有未泵浦掺铒光纤（EDF）的双环布里渊光纤激光器，实现了频率可调谐范围为 10.605～10.887 GHz 的全光光机械微波光子信号，其线宽约为 14.4 kHz。但是，目前基于后向布里渊散射的可调谐、窄线宽全光光机械微波光子技术受限于后向受激布里渊散射几十到百兆赫兹的增益带宽，使得全光光机械微波光子的线宽局限在 kHz 量级。

为此，本节提出一种利用未泵浦掺铒光纤 Sagnac 环的前向布里渊光纤激光器产生频率可调谐、窄线宽全光光机械微波光子的方案。对比后向布里渊散射，前向受激布里渊增益带宽在十兆赫兹内，因此能够产生线宽更窄的全光光机械微波光子，并且其频率可调谐范围位于光纤的前向布里渊频移 1 GHz 左右。所提方案利用 100 m 单模光纤提供前向受激布里渊散射增益，并压窄全光光机械微波光子线宽；利用基于未泵浦掺铒光纤的 Sagnac 环实现频率间隔约为 50 MHz 的 128～271 MHz 可调谐范围的窄线宽全光光机械微波光子的产生。产生的 R_{03}～R_{06} 阶全光光机械微波光子的线宽分别为 11.9 Hz、11.1 Hz、10.3 Hz 和 10.8 Hz，纵模抑制比分别为 38 dB、28 dB、20 dB、30 dB。

5.3.1　全光光机械微波光子的频率可调谐窄线宽实现原理

全光光机械微波光子的频率可调谐窄线宽是基于未泵浦掺铒光纤的 Sagnac 环所实现的，其实现原理如图 5-14 所示。当频率为 ν_p 的自激布里渊泵浦耦合进入单模光纤后，激发光纤内的多阶前向受激布里渊 Stokes 波，如图 5-14 中虚线和点划线所示。由于本次实验中使用的单模光纤仅为 100 m，因此整个谐振腔的腔长约为 136 m。通过公式(5-8)，计算出谐振腔的 FSR 为 1.5 MHz。当多阶的前向受激布里渊 Stokes 波输入到带有未泵浦掺铒光纤的 Sagnac 环中时，通过调节环中 PC，利用未泵浦掺铒光纤的可饱和吸收机制，可实现 Stokes 波的窄线宽和单纵模输出。

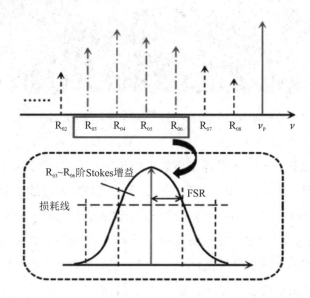

图 5-14　全光光机械微波光子的频率可调谐窄线宽实现原理

图 5-14 中点划线所表示的是本次实验中所实现的 $R_{03} \sim R_{06}$ 阶 Stokes 波频率可调谐示意图。基于上述的全光光机械微波光子频率可调谐实现原理，调节未泵浦掺铒光纤 Sagnac 环中的 PC 和环外的 PC，使得 $R_{03} \sim R_{06}$ 阶中的某一阶 Stokes 波中心频率与 FSR 纵模对齐，则该阶 Stokes 波得以输出并振荡，其他相邻阶的 Stokes 波得到很好的抑制，从而实现全光光机械微波光子的频率可调谐。

5.3.2　基于未泵浦掺铒光纤 Sagnac 环的前向布里渊光纤激光器的可调谐全光光机械微波光子产生实验

为了实现可调谐全光光机械微波光子的产生，我们搭建了如图 5-15 所示的实验装置，该装置由一个 100 m 单模光纤(SMF)主环腔和一个带有 10 m 未泵浦掺铒光纤(EDF)的 Sagnac 环组成。主环腔内，由 980 nm 泵浦源、波分复用器(WDM)和 20 m 掺铒光纤(EDF)组成的掺铒光纤放大器用来提供掺铒光纤放大增益；100 m 单模光纤用来激发前向受激布里渊散射；3 端口光环形器(Cir)用来接入 Sagnac 环；PC1 用来调节光纤内传输光的偏振状态；3 端口 90：10 光耦合器(OC)和 4 端口 50：50 光耦合器(OC)用来输出探测光信号。Sagnac 环内包括 10 m 未泵浦掺铒光纤和 PC2，用来实现全光光机械微波光子的频率可调谐和线宽压缩。

图 5-15 基于未泵浦掺铒光纤 Sagnac 环的前向布里渊光纤激光器的可调谐全光光机械
微波光子产生实验装置

下面描述实验过程。980 nm 泵浦源通过 980/1550 nm 波分复用器耦合进入 20 m 掺铒
光纤中产生掺铒光纤放大增益,在沿环腔逆时针不断循环放大的过程中产生自激布里渊泵
浦。自激布里渊泵浦耦合进入 100 m 单模光纤内,激发光纤的前向自发布里渊散射。随着
980 nm 泵浦功率的升高,自激布里渊泵浦功率升高,达到前向受激布里渊散射阈值后,单
模光纤内的前向自发布里渊散射演变为前向受激布里渊散射,继续在环腔内逆时针循环放
大。当腔内的前向受激布里渊散射增益大于损耗时,将产生前向受激布里渊 Stokes 激光。
产生的多阶 Stokes 波打入未泵浦掺铒光纤 Sagnac 环中,基于未泵浦掺铒光纤的可饱和吸
收机制,实现 Stokes 波的窄线宽单纵模输出。当环腔的 FSR 纵模与某一阶前向受激布里渊
Stokes 波的中心频率对齐时,该阶 Stokes 波通过输出,而其他相邻阶 Stokes 波则被完全抑
制。环腔内的 100 m 单模光纤被放置在 25℃的恒温箱内以保证实验实现的可调谐窄线宽全
光光机械微波光子的稳定测量。输出的窄线宽激光经 90:10 光耦合器分成两束光,90% 输
出光沿着双环腔继续逆时针循环,10% 输出光再经 50:50 光耦合器分成两束激光,其中一
束激光被 0.03 nm 分辨率带宽、1 kHz 视频带宽、1001 采样点的光谱分析仪(OSA)探测,
另一束激光与自激布里渊泵浦光在光电探测器(PD)中拍频产生电信号,产生的全光光机械
微波光子信号经 0.1 kHz 视频带宽和分辨率带宽的电频谱分析仪(ESA)探测。

5.3.3 实验结果分析

我们首先分析频率可调谐范围内的各阶声学模式前向受激布里渊散射增益带宽。实验
装置采用图 5-2 的装置,实验结果如图 5-16 所示,其中 ESA 的视频带宽和分辨率带宽都
为 100 kHz,在频谱宽度为 20 MHz 的条件下,实线代表测量数据点的非线性拟合曲线。由
图 5-16 可知 $R_{03} \sim R_{06}$ 阶声学模式的频率分别为 128 MHz、175 MHz、222 MHz 和
271 MHz,相邻阶声学模式的频率间隔接近 50 MHz,且 $R_{03} \sim R_{06}$ 阶声学模式的峰值功率
均为 -94 dB,下降 3 dB 的线宽分别为 5.6 MHz、5.5 MHz、5.4 MHz 和 4.9 MHz。这与

过去报道中测量得到的前向受激布里渊散射半高全宽吻合。

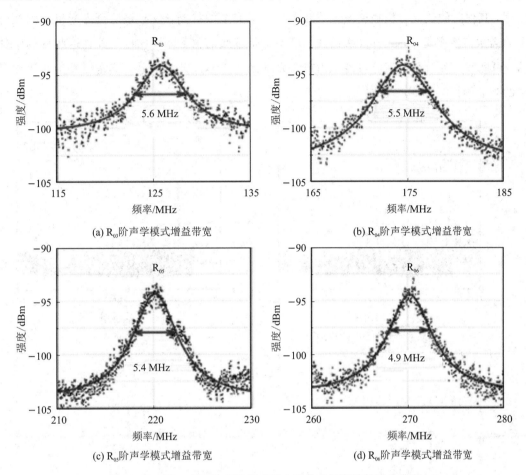

(a) R_{03} 阶声学模式增益带宽　　　　　　　　(b) R_{04} 阶声学模式增益带宽

(c) R_{05} 阶声学模式增益带宽　　　　　　　　(d) R_{06} 阶声学模式增益带宽

图 5-16　R_{03} ～ R_{06} 阶声学模式前向受激布里渊散射增益带宽

　　测量了 R_{03} ～ R_{06} 阶声学模式前向受激布里渊散射的增益带宽，我们基于图 5-15 的实验装置，实现了 R_{03} ～ R_{06} 阶的全光光机械微波光子频率可调谐。实验中首先通过不断增加 980 nm 泵浦功率，在腔内产生前向受激布里渊激光，之后通过调节主环腔和 Sagnac 环中的偏振控制器，利用未泵浦掺铒光纤的可饱和吸收机制，实现 R_{03} ～ R_{06} 阶全光光机械微波光子频率的可调谐，实验结果如图 5-17 所示。由图 5-17(a)可知，R_{03} 阶全光光机械微波光子的基频峰值功率为 −29 dBm、频率为 128 MHz，其后有三阶高次谐波，频率分别为 256 MHz、385 MHz 和 513 MHz。由图 5-17(b)可知，R_{04} 阶全光光机械微波光子的基频峰值功率为 −28 dBm、频率为 175 MHz，其后有三阶高次谐波，频率分别为 350 MHz、525 MHz 和 700 MHz。由图 5-17(c)可知，R_{05} 阶全光光机械微波光子的基频峰值功率为 −32 dBm、频率为 222 MHz，其后有两阶高次谐波，频率分别为 445 MHz 和 667 MHz。由图 5-17(d)可知，R_{06} 阶全光光机械微波光子的基频峰值功率为 −30 dBm、频率为 271 MHz，其后有两阶高次谐波，频率分别为 542 MHz 和 856 MHz。从图 5-17 的对比可以看出，调节主环腔和 Sagnac 环腔的 PC，当 $R_{03} \sim R_{06}$ 中某一阶全光光机械微波光子振荡输出后，其他阶的全光光机械微波光子几乎得到了完全的抑制，仅有该阶全光光机械微波光子的高次谐波产生，并且其高次谐波的频率都是基频的倍数，同样也是腔往返频率的整数倍。由此我们分析高次谐波可能是由掺铒光纤激光腔不断放大所致，或是由发生在激光器中的被动锁模机制所产生的。

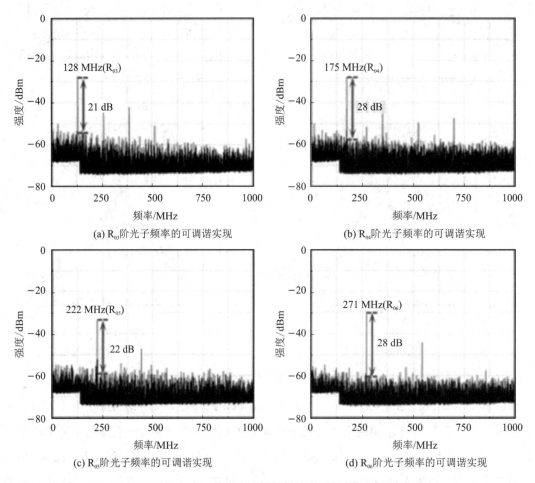

(a) R_{03} 阶光子频率的可调谐实现

(b) R_{04} 阶光子频率的可调谐实现

(c) R_{05} 阶光子频率的可调谐实现

(d) R_{06} 阶光子频率的可调谐实现

图 5-17　$R_{03} \sim R_{06}$ 阶全光光机械微波光子频率的可调谐实现

在实现了全光光机械微波光子频率的可调谐后，我们分析了激光器总体输出功率、全光光机械微波光子功率与 980 nm 泵浦功率的关系，以探究前向布里渊光纤激光器的阈值功率。实验中我们在掺铒光纤放大器的末端口利用功率计测量激光器总体输出功率，以 R_{04} 阶全光光机械微波光子的频率作为 $R_{03} \sim R_{06}$ 阶可调谐全光光机械微波光子频率的参考，在 ESA 上测量 R_{04} 阶全光光机械微波光子功率。激光器总体输出功率、R_{04} 阶全光光机械微波光子功率和 980 nm 泵浦功率的关系如图 5-18 所示，其中左上方数据点表示激光器总体输出功率随 980 nm 泵浦功率的变化。随着 980 nm 泵浦功率从 0 W 升高到 470 mW，激光器总体输出功率从 -10 dBm 提升到 3.8 dBm。图 5-18 中右下方数据点表示 R_{04} 阶全光光机械微波光子功率随 980 nm 泵浦功率的变化。当 980 nm 泵浦功率提升到 250 mW 时，R_{04} 阶全光光机械微波光子功率从 −54 dBm 急剧增加到 −31 dBm，然后在 300 mW 处达到饱和，之后平稳缓慢地增加到 −23.95 dBm。从图 5-18 中该数据点的非线性拟合曲线可以看出，当 980 nm 泵浦功率达到 200 mW 时，R_{04} 阶全光光机械微波光子功率开始发生明显的增强，因此我们认为该前向布里渊光纤激光器的阈值为 200 mW。由于 $R_{03} \sim R_{06}$ 阶全光光机械微波光子的物理特性近似相同，因此作为参考的 R_{04} 阶全光光机械微波光子以外的其余三阶全光光机械微波光子的阈值与其近似一致。

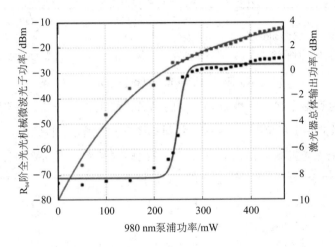

图 5-18　激光器总体输出功率、R_{04} 阶全光光机械微波光子功率和 980 nm 泵浦功率的关系

此外，我们测量了 $R_{03} \sim R_{06}$ 阶可调谐全光光机械微波光子的输出光谱。当 980 nm 泵浦功率增加到 400 mW 时，在波长为 1592 nm 附近的 5 nm 光谱宽度内，所测得的 $R_{03} \sim R_{06}$ 阶可调谐全光光机械微波光子振荡的输出光谱如图 5-19 所示。

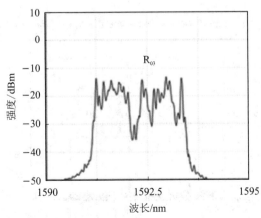

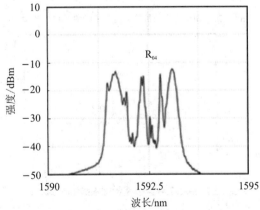

(a) R_{03} 阶可调谐全光光机械微波光子振荡的输出光谱　　　(b) R_{04} 阶可调谐全光光机械微波光子振荡的输出光谱

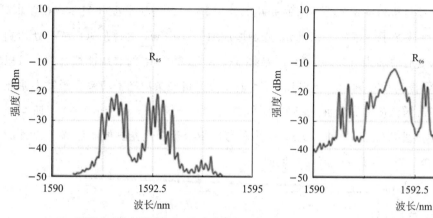

(c) R_{05} 阶可调谐全光光机械微波光子振荡的输出光谱

(d) R_{06} 阶可调谐全光光机械微波光子振荡的输出光谱

图 5 - 19 $R_{03} \sim R_{06}$ 阶可调谐全光光机械微波光子振荡的输出光谱

之后我们对可调谐全光光机械微波光子的单纵模输出进行分析。我们将图 5 - 17 的可调谐全光光机械微波光子基频进一步展宽，结果如图 5 - 20 所示。将频谱宽度展宽到 5 MHz，可以观察到各阶全光光机械微波光子与相邻纵模之间的频率间隔几乎为 1.5 MHz，这对应

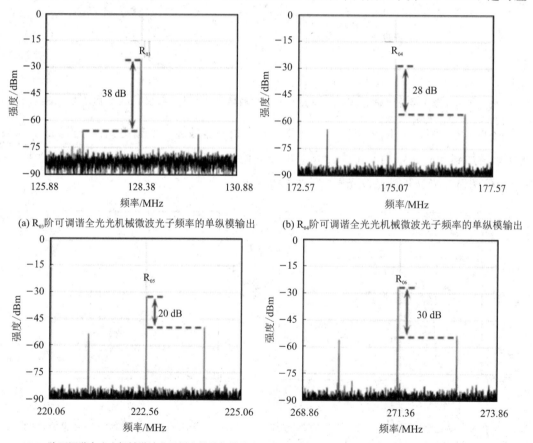

(a) R_{03} 阶可调谐全光光机械微波光子频率的单纵模输出

(b) R_{04} 阶可调谐全光光机械微波光子频率的单纵模输出

(c) R_{05} 阶可调谐全光光机械微波光子频率的单纵模输出

(d) R_{06} 阶可调谐全光光机械微波光子频率的单纵模输出

图 5 - 20 $R_{03} \sim R_{06}$ 阶可调谐全光光机械微波光子频率的单纵模输出

了 136 m 整体腔长的有效自由光谱宽度。从图 5-20 中可以看出，$R_{03} \sim R_{06}$ 阶全光光机械微波光子频率的纵模抑制比分别为 38 dB、28 dB、20 dB 和 30 dB。这可以说明该激光器产生的可调谐全光光机械微波光子具有单纵模输出特性。

在印证了频率可调谐的全光光机械微波光子的单纵模输出后，我们进一步将每一阶全光光机械微波光子的基频频谱宽度展宽，来探测全光光机械微波光子的真实线宽值，探测结果如图 5-21 所示。我们将每一阶全光光机械微波光子的基频频谱宽度展宽到 5 kHz，ESA 的视频带宽和分辨率带宽均设置为 100 Hz。在这样的探测条件下，我们观察到 $R_{03} \sim R_{06}$ 阶全光光机械微波光子的峰值功率下降 20 dB 处的线宽值分别为 238 Hz、221 Hz、205 Hz 和 216 Hz。这样的线宽值是其真实线宽值的 $2\sqrt{99}$ 倍。因此，$R_{03} \sim R_{06}$ 阶可调谐全光光机械微波光子的真实线宽值分别为 11.9 Hz、11.1 Hz、10.3 Hz 和 10.8 Hz。根据 5.2 节的线宽压缩理论，我们将公式中的参数值代入对线宽值进行验证。在该激光器中，136 m 的谐振腔腔长所对应的自由光谱宽度为 1.5 MHz，真空中的光速 c 为 3×10^8 m/s，光纤中

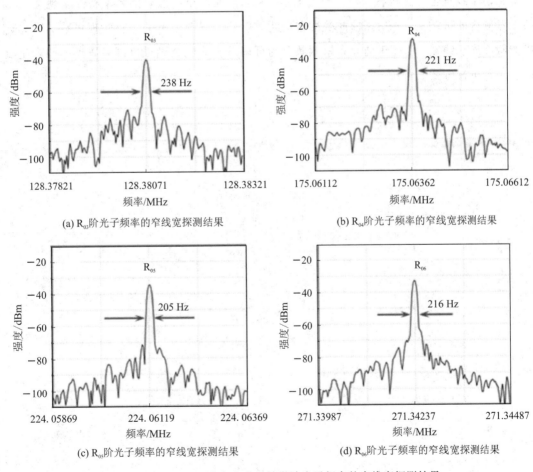

(a) R_{03} 阶光子频率的窄线宽探测结果

(b) R_{04} 阶光子频率的窄线宽探测结果

(c) R_{05} 阶光子频率的窄线宽探测结果

(d) R_{06} 阶光子频率的窄线宽探测结果

图 5-21 $R_{03} \sim R_{06}$ 阶全光光机械微波光子频率的窄线宽探测结果

的有效折射率 $n = 1.4683$，产生的前向布里渊散射增益带宽 $\Delta \nu_B$ 为 5.5 MHz。环形谐振腔内的振幅反馈系数 R 为 0.6156，满足腔内共振条件的强度耦合系数 K_r 为 0.98。将上述数值代入公式(5-11)和(5-17)，计算出全光光机械微波光子的线宽值近似为 15.76 Hz，与 ESA 测量值存在细微差异，但仍保持在同一量级。由此，我们基于未泵浦掺铒光纤 Sagnac 环的前向布里渊光纤激光器实现了频率可调谐的窄线宽单纵模全光光机械微波光子的产生。

综上所述，我们提出了一种基于未泵浦掺铒光纤 Sagnac 环的前向布里渊光纤激光器用于产生可调谐窄线宽全光光机械微波光子。此激光器利用 100 m 单模光纤提供前向受激布里渊散射增益，利用基于未泵浦掺铒光纤的 Sagnac 环实现频率间隔约为 50 MHz 的 128～271 MHz 可调谐范围的窄线宽全光光机械微波光子的产生。产生的 $R_{03} \sim R_{06}$ 阶全光光机械微波光子的线宽分别为 11.9 Hz、11.1 Hz、10.3 Hz 和 10.8 Hz，纵模抑制比分别为 38 dB、28 dB、20 dB 和 30 dB。基于未泵浦掺铒光纤 Sagnac 环的前向布里渊光纤激光器产生可调谐窄线宽全光光机械微波光子的方案，利用前向布里渊散射的频率特性实现 1 GHz 频率宽度内的可调谐，并根据前向受激布里渊散射的窄增益带宽的优势实现更窄的全光光机械微波光子线宽，为基于前向布里渊散射的可调谐窄线宽全光光机械微波光子的产生提供了一种可行方式。

第 6 章　布里渊光纤激光微波光子滤波器

微波光子学是一门新兴的交叉学科，它将微波信号处理技术与光子学相结合，可以汲取这两个学科的优势，具有广阔的应用前景。作为微波光子学的重要分支，微波光子滤波器将微波信号通过光电转换器转换成光信号，然后通过光学器件进行滤波处理，最后再通过光电转换器将光信号转换回微波信号。相较于传统电子滤波器，微波光子滤波器利用光波超高频（超宽带）以及光纤超低损耗（小于 0.2 dB/km）的特性，解决了高频信号处理困难的"电子瓶颈"，在高频信号滤波方面具有显著优势。此外，微波光子滤波器具有可调谐性高、重构损耗低、带宽大以及抗电磁干扰能力强等一系列优势，是近年来微波信号处理研究中的热点。微波光子滤波系统如图 6-1 所示。

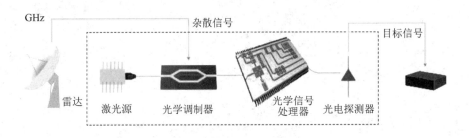

图 6-1　微波光子滤波系统

高比特率是未来无线通信技术的发展方向，国际标准制定组织 3GPP(3rd Generation Partnership Project，第三代合作伙伴计划)指定 5G 网络主要应用两个微波频段，主频段 FR1 介于 450 MHz~6 GHz，扩展频段（毫米波）FR2 介于 24.25 GHz~52.6 GHz。毫米波具有超高的传输速率、超大的容量和极低的时延，是未来真正实现 5G 万物互联无线网络的核心关键。但由于频谱资源有限，无线电频谱资源供需矛盾日益突出。在目前的通信协议中，为了满足用户与应用场景的激增对数据传输率的需求，不同频带间的频率差越来越小，对器件频率选择性的要求也日益提高。滤波器是无线通信系统中目标信号获取、杂散信号滤除的"耳目"，具有高 Q 值或窄带宽的微波光子滤波器能够提供高频率选择性，是实现"高品质拾音""高清晰成像"的必要条件。具有高 Q 值或窄带宽的微波光子滤波器在高光谱纯度微波信号产生、高分辨率微波光子传感器和高性能微波光子雷达等领域有迫切的需求。

不同于电声转换滤波，基于声光转换效应的光子学滤波具有高频率、大带宽、低损耗、抗电磁干扰以及损耗不随频率变化等本征优势，是实现毫米波高 Q 值滤波需求的潜在解决方法。其中基于布里渊散射效应的微波光子滤波器由于具有结构简单、性能稳定等优势，逐渐成为微波光子滤波器研究的热点。布里渊散射效应是一个基于声光转换效应的非线性过程，当泵浦光入射到光纤中，由于声光能量转换，部分泵浦光被散射至后向形成布里渊 Stokes 光。基于受激布里渊散射效应的微波光子滤波器通过在特定频率处产生的布里渊增益谱，对调制信号相干放大后进行滤波，其 Q 值与布里渊增益谱的线宽特性密切相关。利用布里渊增益谱进行光学滤波，可以避免声波损耗对声学滤波性能的影响，有效突破光纤

Q 值的限制。如果能够在光纤中获得满足毫米波滤波需求的窄线宽布里渊增益，将为实现毫米波频段布里渊光子滤波器提供关键技术支撑。

6.1　布里渊激光单通带微波光子滤波器

6.1.1　基于布里渊光纤激光的高 Q 值微波光子滤波器

高 Q 值微波光子滤波器可以提供高频率选择性，准确地识别和过滤各种通信设备释放的电磁波、电磁设备的辐射以及自然界产生电磁波所需要的信号。通过利用光学滤波器、光纤布拉格光栅或受激布里渊散射可以提高微波光子滤波器的 Q 值，同时减小滤波器带宽。然而，上述方案仅能将微波光子滤波器的带宽压窄到 kHz 水平，且 Q 值的进一步改进是有限的。随着光纤激光器的问世和飞速发展，布里渊光纤激光器由其低阈值、窄线宽等特性得到了广泛的研究。通过结构设计，将窄线宽布里渊光纤激光器结构与微波光子滤波器相结合，可以实现高 Q 值的单通带微波光子滤波器，因此研究基于布里渊光纤激光器的微波光子滤波器具有重要意义。本节从基于受激布里渊散射的微波光子滤波特性分析出发，设计并通过实验验证了一种基于双环形腔布里渊光纤激光器的高 Q 值微波光子滤波器，并通过改进结构对微波光子滤波器进行带宽优化及测量。

1. 基于受激布里渊散射的微波光子滤波特性分析

基于布里渊光纤激光器的微波光子滤波器通常利用受激布里渊散射效应打破相位调制边带间的幅度平衡，从而实现频率选择性 PM-IM 转换，最终完成在光域内的滤波处理，从而达到在电域内滤波的效果。除此之外还可以利用单边带调制，结合布里渊损耗谱选择性改变光调制边带的幅值实现滤波，或利用布里渊增益谱和损耗谱的相位特性改变光载波与光调制边带间的相位关系实现滤波等。

这里以基于相位调制器的 PM-IM 转换方案为例进行说明。如图 6-2 所示为基于受激布里渊散射的频率选择性 PM-IM 转换原理。我们已经知道，激光器输出频率为 f_c 的光载波首先经过相位调制器形成相位调制光信号，其频谱成分中包含频率为 f_c 的光载波和频率为 $f_c \pm f_{RF}$ 的正负一阶边带，由于两者幅度相同而相位相反，因此 RF 信号无法通过直接探测得到。相位调制器由频率为 f_{RF} 的输入 RF 信号驱动。相位调制光信号作为探测光，沿正向进入单模光纤传输，而频率为 f_P 的泵浦光沿反方向进入单模光纤中传输。若光纤的布里渊频移量为 f_B，当受激布里渊散射在相位调制光信号和泵浦光信号之间发生时，在频率为 f_P 的泵浦光一侧会产生增益谱（频率为 $f_P - f_B$）。当相位调制光信号中某个频率成分的边带落入受激布里渊散射的增益谱或损耗谱时，将得到相应的放大或衰减，进而打破相位调制边带间的幅度平衡关系，从而能够恢复出对应频率的 RF 信号，实现频率选择性的 PM-IM 转换。由于受激布里渊散射的增益和损耗特性仅出现在特定频率处而对其他频率没有影响，且其增益谱具有窄带、高增益的特性，所以可以利用其频率选择特性构建基于受激布里渊散射的微波光子滤波器。

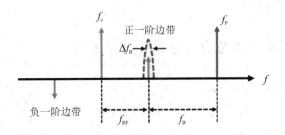

图 6-2　基于受激布里渊散射的频率选择性 PM-IM 转换原理

2. 基于双环形腔布里渊光纤激光器的高 Q 值微波光子滤波器

1) 实验装置及原理

基于双环形腔布里渊光纤激光器(DR-BFL)的高 Q 值微波光子滤波器的实验装置如图 6-3 所示。其中 NKT 激光器输出的线宽为 0.1 kHz 的激光通过分光耦合比为 10∶90 的 OC1 分成两束，设置中心波长为 1549.988nm，激光器的最大功率为 15 dBm。在上支路，90% 的激光作为光载波，相位调制器(Phase Modulator，PM)将来自矢量网络分析仪 (Vector Network Analyzer，VNA)的 RF 信号调制到光载波，调制光信号的频谱包含频率为 f_c 的光载波和频率为 $f_c \pm f_{RF}$ 的相位相反的调制边带，其原理如图 6-4(a)所示，调制信号通过分光耦合比为 50∶50 的 OC2 注入双环形腔布里渊光纤激光器。在下支路，10% 的激光作为泵浦，PC1 用来调节泵浦光与 Stokes 光的偏振态，当泵浦光与 Stokes 光的偏振态一致时，可以获得最大的布里渊增益，EDFA 将泵浦光功率放大到 28 dBm 以超过受激布里渊散射阈值，通过 Cir，将其注入双环形腔布里渊光纤激光器。

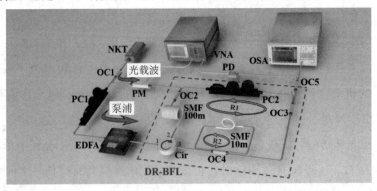

图 6-3　基于双环形腔布里渊光纤激光器的高 Q 值微波光子滤波器的实验装置

结合第 5 章对双环形腔布里渊光纤激光器基本原理与结构的研究，得到双环形腔布里渊光纤激光器的结构如图 6-2 中虚线位置所示。在泵浦光被 EDFA 放大并注入双环形腔布里渊光纤激光器后，100 m 单模光纤(SMF)的受激布里渊散射效应被激发，泵浦光频移至 $f_c - f_B$。在由 Cir、OC4、OC3、PC2、OC2 和 100 m 单模光纤组成的主环形谐振腔 R1 中，受激布里渊散射产生的 Stokes 光进行了多次逆时针往返。R1 具有周期性共振，并且每个共振的线宽都非常窄。Stokes 光也被发射到第二环形谐振腔 R2，R2 由分光耦合比为 50∶50 的 OC4 和一个 10 m 单模光纤组成。PC2 用来调节 R1 与 R2 的偏振态，通过游标效应来保证激光器处于单纵模激光输出。分光耦合比为 99∶1 的 OC3 将 Stokes 光分成两束，其中 99％的一束继续沿着 R1 循环，1％的一束作为双环形腔布里渊光纤激光器的输出激光。双环形腔布里渊光纤激光器对布里渊增益谱压窄，其原理如图 6-4(b)所示。

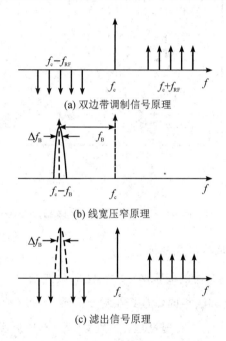

图 6-4　基于双环形腔布里渊光纤激光器的高 Q 值微波光子滤波原理图

在双环形腔布里渊光纤激光器缩小布里渊增益谱后，分光耦合比为 50∶50 的 OC5 将基于双环形腔布里渊光纤激光器的微波光子滤波器的输出激光分成两束，一束激光使用 OSA 进行观测，另一束激光通过光电探测器(Photodetector，PD)转换为电信号后使用 VNA 检测。当待测信号与泵浦信号产生的布里渊激光频移位置一致时，待测信号发生相干放大，进而打破相位调制边带间的幅度平衡关系，经过 PD 拍频之后，待测信号可被布里渊光纤激光滤出，原理见图 6-4(c)。

2) 光谱分析仪测试结果及分析

图 6-5 分别展示了泵浦光、双环形腔布里渊光纤激光器的 Stokes 光、基于双环形腔布

里渊光纤激光器的微波光子滤波器的 OSA(Optical Spectrum Analyzer，光谱分析仪)测试结果。其中 NKT 代表泵浦光的光谱，其中心波长为 1549.988 nm，光信噪比为 53 dB；BFL代表本设计搭建的双环形腔布里渊光纤激光器的输出结果，其中心波长为 1550.074 nm，光信噪比为 67 dB；BFL＋PM 代表本设计提出的基于布里渊光纤激光器的微波光子滤波器的输出光谱，此光谱是由 Stokes 光和调制的光组成的混合光形成的。通过光谱分析仪测试结果可以得到，BFL 的中心波长与泵浦光的中心波长相差 0.086 nm，对应频域中的10.735 GHz，与光纤受激布里渊散射 10.735 GHz 的频移量相匹配。

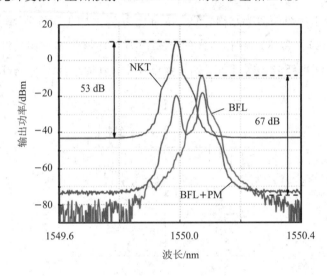

图 6-5　光谱分析仪测试结果

3) 矢量网络分析仪测试结果及分析

本实验采用基于相位调制器的矢量网络分析法对微波光子滤波器的布里渊增益谱进行了表征。与第 5 章测试分析方法相同，为了方便分析游标效应针对基于布里渊光纤激光器的微波光子滤波器单通带滤波的实现过程，分别对基于单环形腔 R1 布里渊光纤激光器与双环形腔布里渊光纤激光器的微波光子滤波器进行测试。

首先对基于单环形腔 R1 布里渊光纤激光器的微波光子滤波器进行测试。当单环形腔布里渊光纤激光器输出的 OC3 的耦合比为 99:1 时，基于单环形腔 R1 布里渊光纤激光器的微波光子滤波器的频谱如图 6-6(a)所示。布里渊频移量为10.735 GHz，与理论值匹配。由于布里渊激光和光载波在环形腔中谐振，因此在本实验中测试频率间隔为 1.88 MHz。由于实验中光纤的实际长度与理论值存在差异，所以以 FSR 实验结果与理论结果也存在差异，但基本相符。当加入带有 10 m 单模光纤的 R2 时，基于双环形腔布里渊光纤激光器的微波光子滤波器的频谱如图 6-6(b)所示。利用游标效应抑制边模，在 10.735 GHz 频率下获得了单通带结果，边模抑制比为 16 dB。

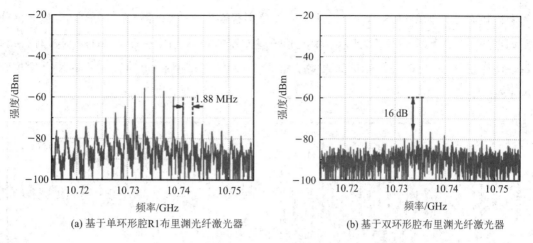

(a) 基于单环形腔R1布里渊光纤激光器　　　　　　　(b) 基于双环形腔布里渊光纤激光器

图 6-6　微波光子滤波器的频谱

　　图 6-7 为基于双环形腔布里渊光纤激光器的微波光子滤波器的中心通带放大视图，其频率跨度为 30 kHz。根据实验结果可以得到，当双环形腔布里渊光纤激光器的 OC3 的耦合比为 99∶1 时，基于双环形腔布里渊光纤激光器的微波光子滤波器的通带 3 dB 带宽为 114 Hz，滤波的中心频率为 10.735 GHz。同时，计算出最大 Q 值(定义为中心频率除以其 3 dB 带宽)为 9.42×10^{7}，此结果表明该微波光子滤波器具有高的频率选择性。

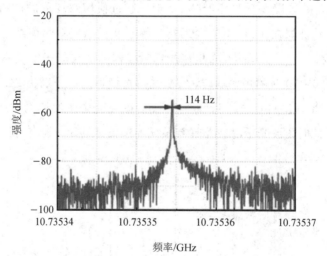

图 6-7　频率跨度为 30 kHz 的微波光子滤波器的中心通带放大视图

4) 环形腔最佳耦合比测试与分析

　　基于双环形腔布里渊光纤激光器的微波光子滤波器的空腔耦合接近空腔临界耦合条件时，微波光子滤波器具有最强的边模抑制比。通过测试环形腔 R1 中 OC3 在不同的耦合比下微波光子滤波器的单通带滤波结果，可以获得接近空腔临界耦合条件时最佳的耦合比，进而获得微波光子滤波器的最强边模抑制比。

　　首先测试基于单环形腔 R1 布里渊光纤激光器的微波光子滤波器在不同 OC3 耦合比下

的腔内耦合结果。将 OC3 的耦合比从 99∶1 分别替换为 90∶10 和 50∶50 时,实验结果分别如图 6-8(a)和图 6-8(b)所示。微波光子滤波器的频率间隔为 1.88 MHz,与理论值相符,且与图 6-5 中 FSR 的测试结果完全相符。实验结果证明腔内 OC3 的不同耦合比与腔内 FSR 无关。

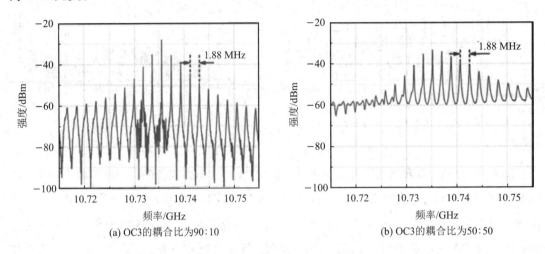

(a) OC3的耦合比为90∶10   (b) OC3的耦合比为50∶50

图 6-8 基于单环形腔 R1 布里渊光纤激光器的微波光子滤波器的频率响应

当添加具有 10 m 单模光纤的环形腔 R2 时,通过使用双环形腔的游标效应去抑制边模,此时微波光子滤波器在大约 10.735 GHz 频率位置处获得单纵模结果。图 6-9(a)和图 6-9(b)中分别显示了基于双环形腔布里渊光纤激光器的微波光子滤波器在 OC3 的耦合比分别为 90∶10 和 50∶50 时的频率响应,实验测得边模抑制比分别为 24.5 dB 和 17 dB。根据实验结果可知,当 OC3 的耦合比为 90∶10 时,微波光子滤波器的空腔耦合更加接近空腔临界耦合条件,此时微波光子滤波器具有最强的边模抑制比,最大可达 24.5 dB。

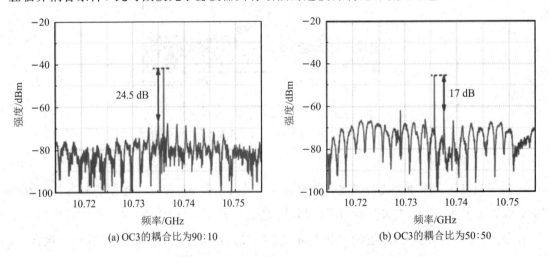

(a) OC3的耦合比为90∶10   (b) OC3的耦合比为50∶50

图 6-9 基于双环形腔布里渊光纤激光器的微波光子滤波器的频率响应

图 6-10(a)和图 6-10(b)分别描述了频率跨度为 30 kHz 的图 6-8(a)和图 6-8(b)对

应微波光子滤波器的中心通带放大视图,微波光子滤波器的 3 dB 带宽分别为 129 Hz 和 136 Hz。实验结果表明,三种不同耦合比的微波光子滤波器的半高宽均约为 100 Hz,因此腔内 OC3 的不同耦合比与微波光子滤波器滤波通带的带宽无关。

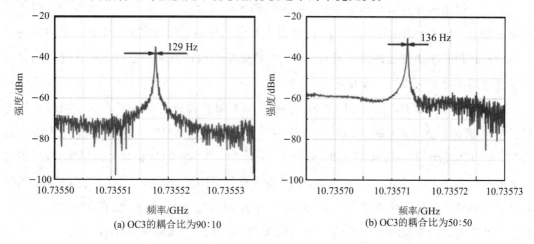

(a) OC3的耦合比为90∶10　　　　　　　(b) OC3的耦合比为50∶50

图 6-10　微波光子滤波器的中心通带放大视图

综上所述,三种不同耦合比的微波光子滤波器的滤波通带的半高宽均约为 100 Hz。当耦合比为 99∶1 时,微波光子滤波器的 3 dB 带宽为 114 Hz,同时计算出最大 Q 值为 9.42×10^7。当 OC3 的耦合比为 90∶10 时,微波光子滤波器的耦合更接近环形腔的临界耦合条件,此时微波光子滤波器具有更强的边模抑制比,最大值为 24.5 dB。

5)矢量网络分析仪输入和输出射频功率之间的关系

通过将矢量网络分析仪的输入射频功率从 −15 dBm 更改为 −1 dBm 来测量基于受激布里渊散射的微波光子滤波器的输出结果,以检查该设计的输入和输出射频功率之间的关系,结果如图 6-11 所示,其中实线是使用最小二乘拟合方法进行线性拟合的结果。拟合线表明,输入和输出射频功率之间传递函数的线性关系结果是 0.9988,线性关系符合预期。

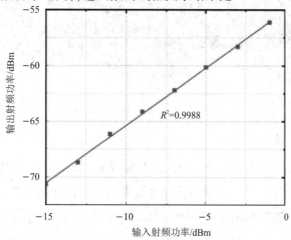

图 6-11　矢量网络分析仪输入和输出射频功率之间的关系

3. 滤波带宽优化及测量

1）实验装置及原理

本设计提出的双环形腔布里渊光纤激光器的理论线宽是 0.16 Hz，然而由于光载波的线宽未被有效压窄，为 100 Hz 左右，因此激光滤波测得的实际线宽为 114 Hz。通过改进装置测量双环形腔布里渊光纤激光器的线宽，以验证基于双环形腔布里渊光纤激光器的微波光子滤波器的带宽可以进一步优化。

改进后的实验装置如图 6-12 所示。其中 NKT 激光器输出的线宽为 0.1 kHz 的激光通过分光耦合比为 10∶90 的 OC1 分成两束。在上支路构建一个布里渊光纤激光器（BFL1），其包括由 10 km 单模光纤（SMF）、Cir1、90∶10 的 OC2 组成的环形腔 R1，BFL1产生的窄线宽 Stokes 光被用作光载波，PM 将来自矢量网络分析仪（VNA）的扫频 RF 信号调制到光载波，调制信号通过 50∶50 的 OC3 注入 BFL2。在下支路，激光作为 BFL2 的泵浦光，PC1 用来调节泵浦光与 Stokes 光的偏振态，EDFA 将泵浦光功率放大到 28 dBm 以超过受激布里渊散射阈值后，通过 Cir2，将其注入 BFL2。泵浦光在由 100 m SMF 和 PC2组成的 R2 中进行多次逆时针往返后，产生周期性共振并压窄布里渊增益谱。由于 R1 和R2 的 FSR 分别被测量为 21 kHz 和 1.887 MHz，因此当光载波的线宽与 BFL2 的输出线宽相匹配时，通过使用游标效应将两束光拍频后可以使用 VNA 准确地测得微波光子滤波器的理论带宽。通过测量 BFL2 中 FSR 边模的线宽，可以确定布里渊光纤激光器的线宽以及基于布里渊光纤激光器的滤波带宽。

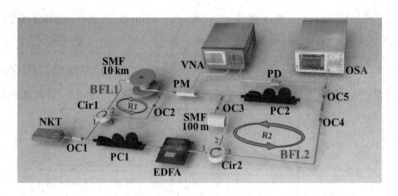

图 6-12　带宽优化实验装置

2）实验结果及分析

图 6-13(a)展示了 BFL2 的 FSR 边模的频率响应，实验测得 FSR 为 1.8875 MHz。图6-13(b)展示了 BFL2 在 −20 dB 功率点处的线宽测试，实验测得 BFL2 在 −20 dB 功率点处的线宽为 1.2 Hz，实际 3 dB 带宽小于 1 Hz，与双环形腔布里渊光纤激光器的输出线宽0.16 Hz 的理论值接近。上述结果表明，通过对基于双环形腔布里渊光纤激光器的微波光

子滤波器的结构进行优化，本设计的实际滤波带宽和 Q 值均可以获得较大的提高，达到 Hz 级的滤波带宽。

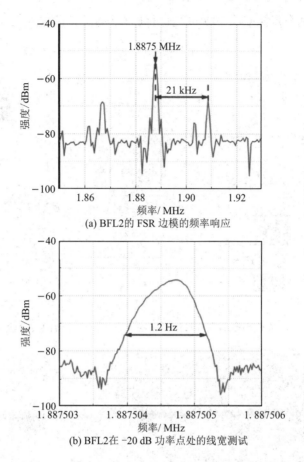

(a) BFL2的 FSR 边模的频率响应

(b) BFL2在 −20 dB 功率点处的线宽测试

图 6-13 优化后微波光子滤波器的滤波带宽测量结果

6.1.2 基于级联双环形谐振腔的微波光子滤波器

1. 实验方案及原理

基于 SBS 的双环形腔结构的微波光子滤波器，其基本原理是布里渊增益与调制的光学边带信号相互作用，然后在布里渊激光谐振腔的固有频率选择和线宽压缩机制下，利用压窄的布里渊增益放大信号，通过拍频获得超窄滤波器带宽。通过改变 SBS 泵浦光的波长，实现布里渊增益位置的频移，从而解决微波光子滤波器的宽带可调谐问题。

图 6-14 为所提出的基于 SBS 的双环形腔结构的微波光子滤波器的实验验证方案，图 6-15 为单通带微波光子滤波器的实物光路结构，上下两个光路分支的设计与 6.1.1 节所提出的滤波装置相同，即上分支为光载波和信号调制部分，下分支为布里渊激光谐振腔信号处理部分。光载波来自可调谐激光器（NKT1，线宽 100 Hz），中心在 1550 nm。该激光器

具有很好的性能并且能够提供更窄线宽的光载波与 SBS 泵浦光。相位调制器（PM）将来自 VNA 的扫频 RF 信号双边带调制到光载波上。然后，上边带 $f_{c1}+f_{RF}$ 和下边带 $f_{c1}-f_{RF}$ 与光载波一同通过耦合器（OC1，50：50）发射到布里渊激光谐振腔内，进入 100 m 单模光纤（SMF）。

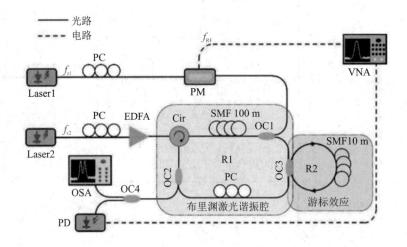

图 6-14 基于 SBS 的双环形腔结构的微波光子滤波器的实验验证方案

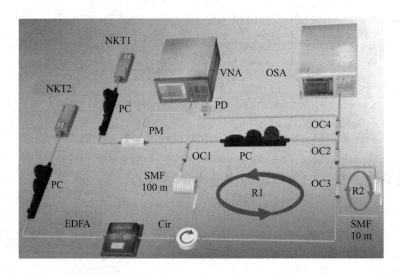

图 6-15 单通带微波光子滤波器的实物光路结构

而在下分支中，由另一个可调谐激光器（NKT2，线宽 100 Hz）发出的中心频率为 f_{c2} 的窄线宽激光被 EDFA 放大为 SBS 泵浦光，并通过 Cir 注入 100 m 单模光纤（SMF）中。调整 EDFA 输出，使得注入光的功率大于布里渊阈值，从而保证在 SMF 中激发 SBS。由于本节用于激发 SBS 的单模光纤长度改为了更长的 100 m，所以降低了激发 SBS 的阈值，使得实验操作更容易开展。产生的布里渊增益谱相当于泵浦光的频率降为 $f_{c2}-f_B$，其中布里渊频移量 f_B 在实验中测得约为 10.737 GHz。如图 6-16 所示为布里渊增益谱放大光载波信号边带原理。光调制信号与布里渊增益谱相互作用的过程发生在布里渊激光谐振腔内的 100 m 单模光纤中，光调制信号位于布里渊增益谱内的上边带部分，被布里渊增益放大，实现 PM-IM 转换。之后混合光信号通过 Cir 进入布里渊激光谐振腔(R1)，谐振腔出现周期性共振，每个共振的线宽都非常窄，这是因为布里渊激光谐振腔的固有选频机制，使得布里渊增益谱获得了明显的线宽压缩效应。

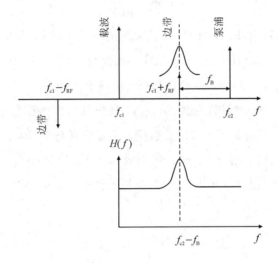

图 6-16　布里渊增益谱放大光载波信号边带原理

布里渊激光谐振腔通过耦合器连接环形腔 R2，R2 由耦合器(OC3，50∶50)及其尾纤与 10 m 单模光纤构成。利用级联双环谐振腔(CR-FP)形成的游标效应，布里渊激光谐振腔的 FSR 由 100 m 腔长对应的 1.86 MHz 扩大到 10 m 腔长对应的 18.6 MHz，同时线宽进一步压缩，保证增益谱内仅存在单个滤波通带。

通过周期的错位将小的差异放大，即为游标效应，其示意图如图 6-17 所示，它主要利用微小测量值变化导致的对齐分度大范围改变进行微小量的放大读取。而在光学中，可以依靠谐振腔等构造类似的周期峰或谷。对于单个谐振腔，我们可以得到周期性的共振峰，这些周期性共振峰可以视作游标卡尺中的"刻度"，通过控制谐振腔的长度就可以实现直接控制峰间距，也即 FSR。我们通过级联两个腔长不同的环形谐振腔，利用其不同的 FSR 形成游标效应，达成抑制边模的目的。

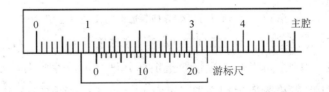

图 6-17　游标效应示意图

图 6-18 显示了通过游标效应抑制边模的原理示意图。根据游标效应，双环形腔结构

的有效 FSR 为 R1 和 R2 的 FSR 的最小公倍数，即

$$\mathrm{FSR} = n_1 \mathrm{FSR}_1 = n_2 \mathrm{FSR}_2 \qquad (6-1)$$

式中，FSR_1 对应环形腔 R1 的 100 m SMF，FSR_2 对应环形腔 R2 的 10 m SMF，$n_m (m=1,2)$ 为整数。R1、R2 的有效 FSR 表示为

$$\mathrm{FSR} = \frac{c}{n L_m} \qquad (6-2)$$

其中 $L_m (m=1,2)$ 为 R1 和 R2 的环长，n 为光纤的有效折射率（这里 $n=1.468$）。因此 R1 和 R2 的 FSR 分别为 1.86 MHz 和 18.6 MHz。根据公式(6-2)，有效 FSR 为 18.6 MHz。为了避免增益谱内出现多个通带，由双环形腔结构确定的 FSR 不应小于布里渊增益谱的线宽。如图 6-18(a)中，FSR_2 的周期超出增益谱，所以其边模落在增益谱外，仅仅保留主通带。在增益谱内，FSR_2 又抑制了 FSR_1 的边模，使得只有与 FSR_2 的主通带同频率的通带才能获得增益放大，最终达成图 6-18(b)所示效果。当有效 FSR 超过布里渊增益线宽且增益大于损耗时，激光模式仅在满足 R1 和 R2 共振条件的频率上振荡。微波光子滤波器的中心频率 f_{pass} 可表示为

$$f_{\mathrm{pass}} = f_{c2} - f_{\mathrm{B}} \qquad (6-3)$$

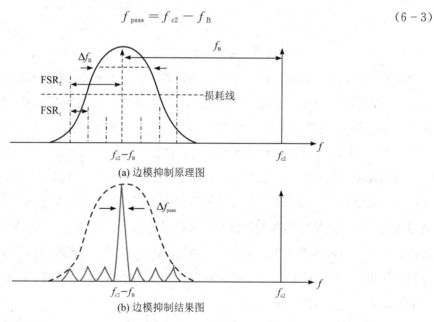

(a) 边模抑制原理图

(b) 边模抑制结果图

图 6-18　通过游标效应抑制边模的原理示意图

在我们提出的滤波系统中，调整激光器的波长来改变泵浦频率，布里渊增益谱的中心频率也会随之改变。因此，可以对上边带的指定部分进行选择性放大，实现微波光子滤波器的可调功能。最后，输出光通过耦合器(OC2，90∶10)分成两部分，其中 90% 的光逆时针注入 R1 继续谐振，10% 的光进入光电探测器(PD，Finisar XPDV21)检测，由 VNA 表征滤波器的频率响应。

2. 实验验证及理论分析

我们对如图 6-14 所示的方案进行了概念验证实验。在测量所提出滤波器的频率响应之前，我们测试了 DSB 调制光信号与布里渊谐振腔输出激光的光谱，如图 6-19 所示。在本次测量中，信号光载波(Laser1)和泵浦光(Laser2)的波长都设置为 1550.0520 nm。设置 EDFA 的输出功率为 29 dBm，当 VNA 在对光载波施加扫频 RF 信号调制时，所获得 DSB 调制光信号与布里渊谐振腔输出激光的合路光信号表现为双波长频谱。其中一束(左)为 Laser1 输出的光载波，另一束(右)为布里渊谐振腔输出的布里渊激光，其波长与布里渊光纤激光器输出的 Stokes 激光波长相等，约为 1550.1320 nm。因此，泵浦光与布里渊激光之间的波长差约为 0.08 nm，对应频域的 10 GHz 布里渊频移量。

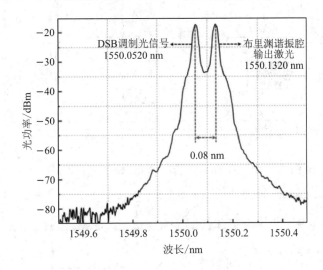

图 6-19　DSB 调制光信号与布里渊谐振腔输出激光的光谱

之后我们对所提出的基于 SBS 的双环形腔结构的微波光子滤波器进行频率响应测试。整个测试过程分为三个环节。

首先并不搭建布里渊激光谐振腔，仅将单个激光器输出的泵浦光注入 100 m 单模光纤内，在功率达到激发 SBS 时，通过环形器将返回的布里渊激光输入光电探测器进行光电转换，最终输入 VNA 中进行频率响应测试。所获得的单纯布里渊增益谱如图 6-21 中黑色线所示，其 3 dB 线宽为 9.926 MHz。因为此步骤中仅使用单个激光器，所以布里渊频移量只与实验环境温度、激发 SBS 材料性质及其所受应变有关，在实验中测得其值为 10.737 GHz。

其次，搭建如第 5 章中所提到的仅具有单个腔结构的微波光子滤波器，即结合布里渊激光谐振腔的微波光子滤波器，其结构如图 6-20 所示。不同之处在于，应用于激发 SBS 的 10 m 单模光纤改换为材质相同的 100 m 单模光纤。根据布里渊光纤激光器本身固有的线宽压窄特性，结合较长的腔长具有较小的 FSR，得到如图 6-21 中蓝色线所示的梳状齿增益谱。由于布里渊激光在谐振腔内多次逆时针环行谐振，产生了多纵模激光，并且每个模式的线宽都极窄。所构成布里渊光纤激光谐振腔的稳定性主要受三个因素影响：温度效应、非线性 Kerr 效应和频率牵引效应。由于 FSR 和布里渊增益主要取决于温度，因此激光模式也与温度有关。布里渊光纤激光器跳模的温度变化量 $\Delta T_{\text{mode-hopping}}$ 为

$$\Delta T_{\text{mode-hopping}} \approx \frac{\text{FSR}_{\min}}{\nu_{\text{B}}\left(\frac{1}{\nu_{\text{B}}}\frac{\partial \nu_{\text{B}}}{\partial T} + \frac{1}{n}\frac{\partial n}{\partial T} + \frac{1}{L_{\text{t}}}\frac{\partial L_{\text{t}}}{\partial T}\right)} \tag{6-4}$$

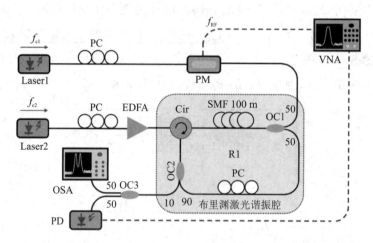

图 6-20　结合布里渊激光谐振腔的微波光子滤波器的结构

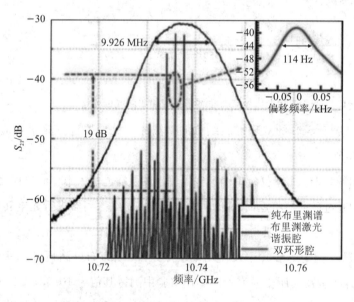

图 6-21　不同微波光子滤波器结构的频率响应（黑线：无环腔；蓝线：单环布里渊激光谐振腔；红线：级联双环布里渊激光谐振腔）

当布里渊光纤激光器中环腔长为 100 m 时，其 $\text{FSR}_{\min}=1.86\,\text{MHz}$，单模光纤长度随温度波动的系数为 $\frac{1}{L_{\text{t}}}\frac{\partial L_{\text{t}}}{\partial T}=10^{-6}/\text{℃}$，在 1550 nm 处布里渊频率随温度的变化系数为 $\frac{\partial \nu_{\text{B}}}{\partial T}=$

1.04 MHz/℃。计算得到的 $\Delta T_{\text{mode-hopping}} \approx 1.758℃$，所以当恒温系统控制温度变化在 0.4℃ 时不会导致跳模。

根据 FSR 计算公式，当谐振腔长为 110 m 时（其中用于激发 SBS 的单模光纤长100 m，耦合器尾纤、环形器尾纤以及偏振控制器尾纤累计长约 10 m），得出布里渊激光谐振腔 FSR 为 1.86 MHz，而布里渊增益谱线宽为 9.9 MHz，所以导致在增益谱内出现了多个滤波通带。这表明尽管采用长光纤可以降低激发 SBS 的阈值，但同时也会引发多个通带共存的问题，因此需要进一步的改进。

我们在已有的布里渊激光谐振腔上级联第二个环形腔，级联的第二个环形腔由 10 m 单模光纤以及 1 m 耦合器尾纤构成，根据 FSR 公式计算得出其 FSR 为 18.6 MHz，超出布里渊增益谱 9.9 MHz。同时结合游标效应，将增益谱内除主通带外的其余边模抑制，如图 6-21 中红色线所示。此时我们提出的滤波器结构，既具有布里渊激光谐振腔压窄线宽效果，滤波通带带宽仅为 114 Hz，如图 6-21 中右上角附图所示；也具有双环形腔抑制边模效果，边模抑制比超过 19 dB。

图 6-22 是当下支路激光器输出的泵浦光波长在 1550.2320~1550.3920 nm 范围内变化时，微波光子滤波器滤波通带的中心频率响应。从图 6-22 中可以看出，通过改变泵浦光的波长，滤波器通带可以在 2~20 GHz 的频率范围内稳定地调谐，调谐步长约为 2 GHz。这是因为布里渊增益谱与泵浦光之间的频率差相对固定，调整 Laser2 的波长，SBS 增益的频率也会随之变化，从而实现对调制光信号上边带的指定部分进行选择性放大，打破边带平衡，进而实现微波光子滤波器的可调功能。为了避免出现布里渊频移量的漂移，与第 5 章的实验环境相同，控制外界环境温度，使激发 SBS 的光纤所受应变恒定，减小外界环境的影响。

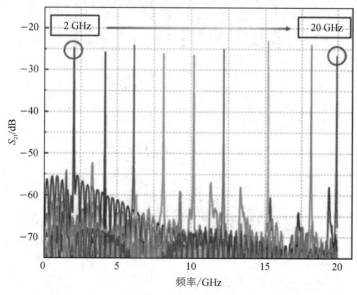

图 6-22　泵浦光波长在 1550.2320~1550.3920 nm 范围内变化时微波光子滤波器滤波通带的中心频率响应

　　为了分析该方案的窄带可调滤波效果，进一步对滤波器通带宽度进行了实验测试。图 6-23 为仅采用布里渊激光谐振腔时，不同中心频率下所提出的微波光子滤波器的调谐滤波响应。图 6-23(a) 为在整个滤波频段 0～20 GHz 的整体对比图，由图可知在调谐过程中，滤波通带的峰值功率基本稳定。同时可以从其余五幅图中明显观察到，微波光子滤波器的频率响应均表现为梳状齿图像。图 6-23(a) 中调谐间隔选用 5 GHz，分别在 0 GHz、5 GHz、10 GHz、15 GHz、20 GHz 的频率点处进行测量，依次对应图 6-23(b)、(c)、(d)、(e)、(f)。经过拟合计算，在五个测量频段，所获得的梳状齿增益谱的 FSR 均为 1.86 MHz，符合理论计算结果。

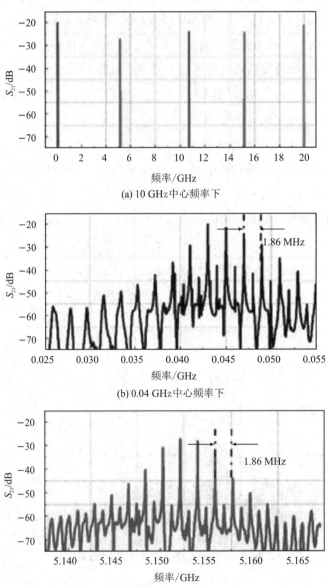

(a) 10 GHz 中心频率下

(b) 0.04 GHz 中心频率下

(c) 5.1525 GHz 中心频率下

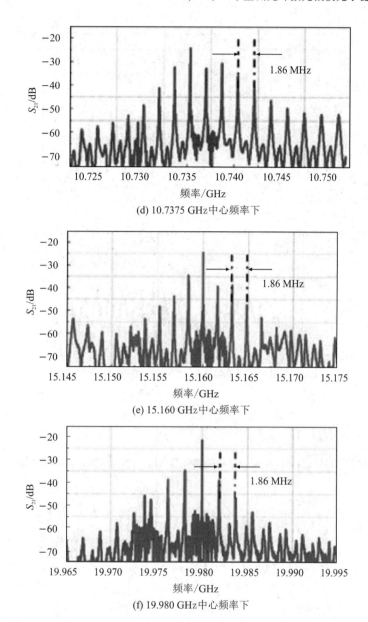

图 6-23　仅采用布里渊激光谐振腔时不同中心频率下微波光子滤波器的调谐滤波响应

　　接着我们测试了在布里渊激光谐振腔上级联副腔后的窄带可调滤波响应，分析通过游标效应所达到的边模抑制效果，此时不同中心频率下微波光子滤波器的响应效果如图 6-24 所示。图 6-24(a) 为滤波器中心频率调谐响应整体对比图，从图中可以看出，滤波器通带中心频率在 42 MHz～19.98 GHz 范围内稳定调谐，调谐的间隔步长约为 5 GHz。对比图 6-23 中所呈现的梳状齿增益谱，在级联了 10 m 副腔之后，由于游标效应的作用，微波光子滤波器具有稳定的边模抑制比。

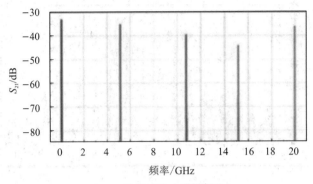

(a) 10 GHz中心频率下

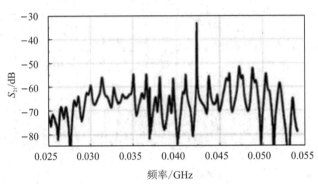

(b) 0.04 GHz中心频率下

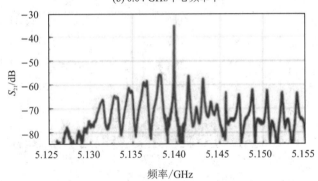

(c) 5.1525 GHz中心频率下

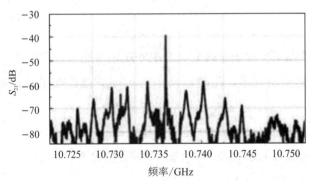

(d) 10.7375 GHz中心频率下

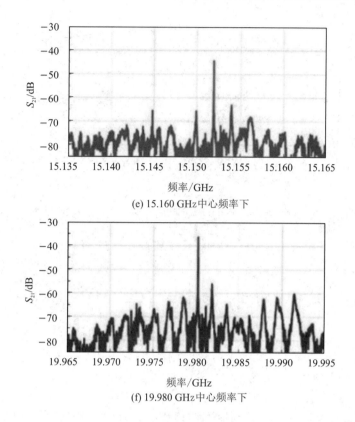

(e) 15.160 GHz中心频率下

(f) 19.980 GHz中心频率下

图 6-24　级联副腔后不同中心频率下微波光子滤波器的响应效果

图 6-24(b)、(c)、(d)、(e)、(f)分别对应图 6-23 中相应中心频率下的调谐滤波响应，从中可明显观察到每一个梳状齿增益谱的边模均被极大地抑制，同时保留了增益谱内的主通带。在实验中，滤波器最窄的 3 dB 带宽仅为 100 Hz 左右。这意味着与现有发表的采用 SBS 实现的滤波器的带宽相比，所提出的微波光子滤波器具有更高的频率选择性，可以实现对目标信号更精准的选择和对频谱资源更高效的利用。在调谐范围内实测的边模抑制比分别为 18.7 dB、20.9 dB、19.9 dB、19.1 dB、19.4 dB，波动小于 2.2 dB。产生这种波动的主要原因一方面可能是实验环境温度的变化，另一方面由于 SBS 耦合效率与泵浦光和 Stokes 激光的偏振方向密切相关，所以产生这种波动的原因也可能是光纤布里渊谐振腔中的偏振控制器在调节泵浦光和布里渊 Stokes 激光的偏振匹配时产生了误差。

图 6-25 给出了近期文献报道的微波光子滤波器的带宽和调谐范围的比较。其中纵坐标为−3 dB 带宽，单位为 MHz；下方坐标轴左侧为滤波器提出时间，右侧为滤波通带调谐范围，单位为 GHz。可以看出，现有的微波光子滤波器的带宽大多在 MHz 或亚 MHz 量级，而本节提出的微波光子滤波器的带宽基本在亚 kHz 量级，相较于已有文献报道，其带宽获得极大压窄。与此同时，本节提出的滤波器还具有超过 20 GHz 的调谐范围和约 20 dB 的带外抑制比。对比可知，我们提出的微波光子滤波器在高分辨率、高灵敏度、高边模抑制比等滤波方面具有显著优势。因此，它在超窄通带、灵活滤波方面具有很大的潜力。

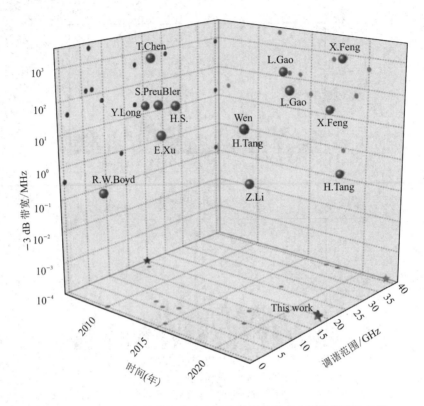

图 6-25　近期文献报道的微波光子滤波器的带宽和调谐范围的比较

6.2　双环形腔结构的双通带微波光子滤波器

6.2.1　实验方案及原理

　　分析上节所提出的单通带微波光子滤波器，其虽然改进了初期滤波器的缺点，如激发SBS 的阈值过高、滤波通带并未完全发挥布里渊光纤激光器的最好效果等，但仍具有几个可优化的部分。例如滤波通带调谐过程并不能完全覆盖到整个滤波频段，主要原因是所提出的滤波方式是通过改变 SBS 泵浦光波长进而改变布里渊增益谱中心频率，实现最终的滤波通带可调谐。而受可调谐激光器最小调谐精度的限制，当 SBS 泵浦光波长改变 0.1 pm时，滤波通带中心频率相应改变 12.5 MHz，所以所提出滤波器的通带实际上是固定在布里渊光纤谐振腔的谐振频率点上，这些频率点是离散的。虽然调谐两个激光器之间的频率差，可以选择出不同的谐振频率点来实现具有不同通带频率的滤波器，但是这种调谐在频域上并不是连续的，也就使可调谐性受到较大限制。为解决以上问题，我们提出了以下解决方案。

这里结合结构图 6 - 26 与原理图 6 - 27 进行整体描述，与之前所提到的单通带微波光子滤波器相同的实验步骤不再进行赘述。所采取的实验方案的创新点与改进为，上支路的光载波经 PM 实现双边带扫频调制后通过光隔离器输出，以保证该分支光路中光运行的单向性。之后信号光载波同样输入 100 m 单模光纤（SMF）中，双边带调制信号如图 6 - 27(a) 所示。

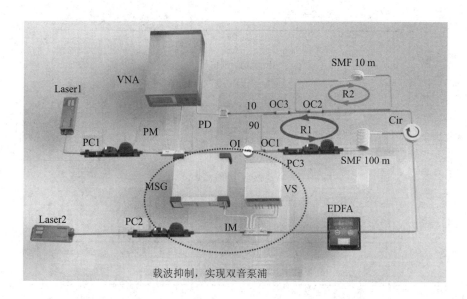

图 6 - 26　双通带微波光子滤波器的实物光路结构

在下支路中，由可调谐激光器（Laser2）发出中心频率为 f_{c2} 的光作为激发 SBS 的泵浦光，经过偏振控制器（PC2）进入强度调制器（IM）的第一输入口。使用微波源（MSG）通过强度调制器射频输入端口对泵浦光施加双音信号，其频率为 f_R。同时调节电压源（VS）输出电压，通过强度调制器的电学端口对强度调制器施加半波电压，约为 4.5 V，形成载波抑制效果，最终以泵浦光支持的双边带调制模式实现明显的双边带调制，从而获得在 $f_{c2}-f_{R1}$ 和 $f_{c2}+f_{R1}$ 处纯净的双音泵浦光，其结构即图 6 - 26 中虚线所圈内容。此双音泵浦光再通过掺铒光纤放大器（EDFA）放大功率，达到激发 SBS 阈值后输入光学环形器（Cir）的第一端口，再由环形器的第二端口输出到 100 m 单模光纤，其传播方向与上分支光路中的调制光信号相反，调制后的信号如图 6 - 27(b) 所示。当双音泵浦光在单模光纤内激发 SBS 后，产生两个频率下移的布里渊增益谱，其中心频率分别为 $f_{c2}-f_{R1}-f_B$ 和 $f_{c2}+f_{R1}-f_B$，如图 6 - 27(c) 所示。此时在单模光纤中，调制信号上边带中位于布里渊增益谱的部分被放大，这打破了光载波上下调制边带的平衡，从而实现了 PM-IM 转换，如图 6 - 27(d) 所示。之后经布里渊增益放大的调制信号与反向 Stokes 混合光信号再次进入环形器第二端口，并由环形器的第三端口进入布里渊光纤激光谐振腔（R1）。

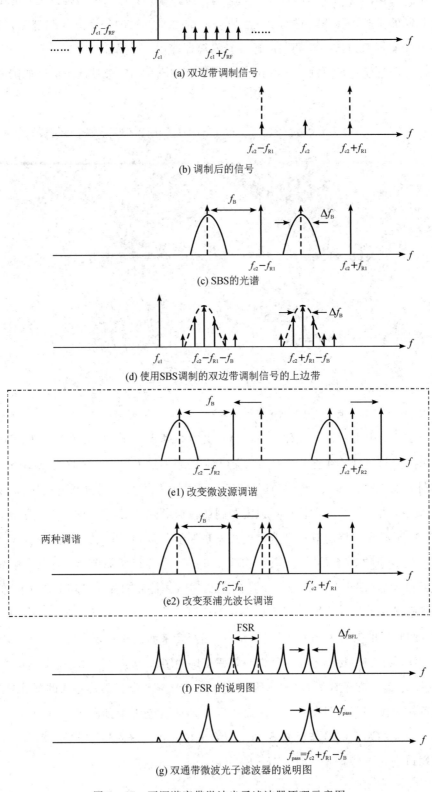

(a) 双边带调制信号

(b) 调制后的信号

(c) SBS的光谱

(d) 使用SBS调制的双边带调制信号的上边带

(e1) 改变微波源调谐

(e2) 改变泵浦光波长调谐

(f) FSR 的说明图

(g) 双通带微波光子滤波器的说明图

图 6 - 27　可调谐窄带微波光子滤波器原理示意图

同时在降低外界环境因素影响的情况下，布里渊增益谱随泵浦光波长的改变而发生频移。如图 6 - 27(e1)所示为改变微波源施加双音射频信号的频率，从而使得双音泵浦光频率变为 $f_{c2}-f_{R2}$ 和 $f_{c2}+f_{R2}$，对比图 6 - 27(c)和图 6 - 27(e1)的布里渊增益谱，发现滤波器双通带中心频率差发生了改变。

图 6 - 27(e2)为改变泵浦光的波长，从而使得双音泵浦光频率变为 $f'_{c2}-f_{R1}$ 和 $f'_{c2}+f_{R1}$，对比图 6 - 27(c)和图 6 - 27(e2)的布里渊增益谱，发现滤波器双通带能够实现等间距同步调谐。

之后混合光信号通过环行器(Cir)进入布里渊激光谐振腔，谐振腔将布里渊 Stokes 增益放大的信号线宽进一步压窄，如图 6 - 27(f)所示。最终通过双环形腔产生的游标效应，级联环形腔 R1、R2，在对布里渊激光谐振腔的线宽进一步压缩的同时抑制除通带以外的边模。经 PD 光电转换后的信号由 VNA 测量幅频响应，从而得到我们所提出的窄线宽可调谐双通带微波光子滤波器的频率响应特性，此双通带微波光子滤波器的说明图如图 6 - 27(g)所示。

6.2.2　实验验证及理论分析

首先对所提出系统双通带调谐的性能进行测试。在实验过程中，我们将激发布里渊散射的光纤置于恒温控制系统内，其温度稳定性约为 ±0.2℃，由此产生约为 0.2 MHz 的频移量波动。与此同时，由于布里渊频移量对振动比较敏感，其应变敏感系数约为 0.0482 MHz/$\mu\varepsilon$，相较于温度对布里渊频移量的影响，振动对其影响较低，且实验中整个滤波装置在光学气浮平台上搭建，因此实验过程基本消除了振动噪声带来的影响。

根据图 6 - 26 给出的微波光子滤波器的实物光路结构，我们分别测量了输入 SMF 的 SBS 泵浦光(Laser2)、在泵浦光上施加双音信号后以及实现半波电压抑制载波的光谱，得到如图 6 - 28 所示的载波抑制实测效果图。以 Laser2 输出的泵浦光源作为基准，设置其输出激光功率为 14.0 dBm，输出波长为 1550.00 nm 时，光谱仪中观察到如图 6 - 28 中黄色线所示曲线。

接着将微波源连接在强度调制器射频输入端口，设置微波源输出信号为 5 GHz，可在图 6 - 28 中紫色线上观察到其光谱共有三个峰，左右两个侧峰与主峰，主峰即激光器输出泵浦光，其中心仍旧在 1550.00 nm。通过测量，侧峰与主峰相差 0.04 nm，对应于微波源施加的 5 GHz 信号，验证了双音信号施加成功。

由于搭建布里渊激光谐振腔等结构后，激光的大部分光分量会返回谐振腔内继续谐振，仅有小部分光分量用于最终探测，同时由于结构复杂度的增加会导致更多的插损，因此激光谐振腔输出光功率低于泵浦光功率。而为了获得纯净的双音泵浦信号，还需在强度调制器的电学输入端连接电压源达到载波抑制的效果。当电压源对强度调制器施加 4.5 V 半波电压时，对应图 6 - 28 中的绿色线与紫色线，可观察到原泵浦光载波信号被抑制，只保

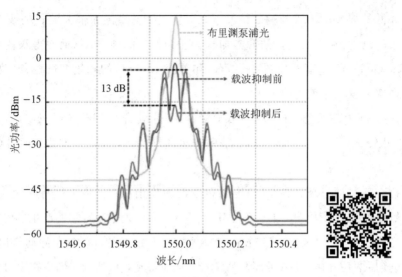

图 6-28　载波抑制实测效果图

存微波源调制的 5 GHz 信号,双音信号功率比被抑制后载波的功率高 12 dB,从而保证了后续实验中的双音泵浦光较纯净。通过以上测试,我们验证了所提出微波光子滤波器的双通带调谐性能。

　　之后进行微波源调谐测试。当实现了载波抑制后,保持 Laser2 输出的泵浦光波长固定,改变微波源施加射频信号的频率,双音泵浦光中心频率差随之改变,从而使得布里渊通带中心频率发生变化,实现滤波器的第二种调谐方式。微波源调谐双音泵浦光波长变化如图 6-29 所示。其中紫色线、绿色线、蓝色线分别为微波源输出 5 GHz、6 GHz、7 GHz射频信号时获得的滤波通带光谱曲线,对比观察三条曲线可知微波源调谐具有比较高的稳定性,并且具有高达 20 dB 的带外抑制。

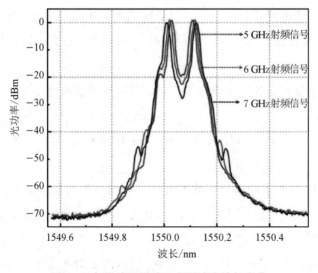

图 6-29　微波源调谐双音泵浦光波长变化

　　为了表征我们提出的微波光子滤波器的双通带的第二种调谐方式，实验中展示了当 EDFA 输出泵浦光功率为 29 dBm 时，滤波器滤波通带中心频率差改变的调谐响应。

　　当微波源施加射频信号的频率在 1 GHz 至 9 GHz 范围内变化时，输入 100 m 单模光纤内的双音泵浦光的中心频率也随之改变，从而使得所激发的两个布里渊增益谱同步频移，此时双通带微波光子滤波器的频率响应如图 6 - 30 所示。从图 6 - 30 中可以看出，改变射频信号的频率，微波光子滤波器双通带中心频率差在 2 GHz 至 18 GHz 的范围内稳定调谐。保持两个激光器输出的泵浦光与光载波频率相同，通过微波源调谐，可得两个通带的频率分别为 1.9 GHz 和 19.9 GHz，并且带外抑制比接近 20 dB。受微波源最小频率分辨率的约束，最小调谐精度可达 0.1 Hz，且本设计滤波通带 3 dB 带宽约为 100 Hz，由此可知滤波通带可将整个工作频段全覆盖。根据第 5 章所提出的通过改变输出泵浦光激光器的波长来实现滤波通带调谐的方式，结合这两种调谐方法，可知我们所提出的滤波通带可调谐至整个滤波频段的任一位置。

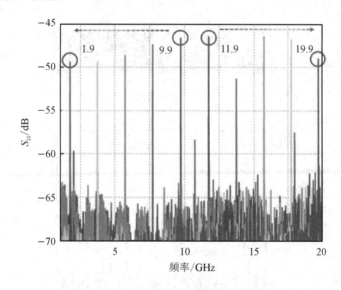

图 6 - 30　微波源施加射频信号的频率在 1 GHz 至 9 GHz 范围内变化时
双通带微波光子滤波器的频率响应

　　综合两种调谐实测图，可以验证本设计所提出的两种调谐方式：通过调节 Laser2 泵浦光的波长，可以实现窄线宽可调谐双通带微波光子滤波器两个通带中心频率同步调谐；通过改变微波源输出射频信号的频率，可以实现窄线宽可调谐双通带微波光子滤波器两个通带之间的频率差改变。

　　在完成调谐性测试并获得良好结果后，紧接着开展了滤波通带线宽以及边模抑制比的测试。在未级联环形腔 R2 时，仅通过布里渊激光谐振腔进行滤波测试，得到系统频率响应如图 6 - 31(a) 所示。当设置 Laser1 和 Laser2 输出激光波长均为 1550 nm 且保持恒定时，调节微波源输出射频信号的频率为 5 GHz，电压源输出 4.5 V 恒定电压，以达到抑制载波而实现双音泵浦的目的。EDFA 将双音泵浦功率放大至 29 dBm 以满足激发 SBS 阈值，最终通过 PD 光电转换，由 VNA 在 5.737 GHz 和 15.737 GHz 处测得两个梳状齿滤波通带，本实验中测得布里渊频移量为 10.737 GHz，该数据与理论值吻合良好。然而，因为布里渊激光谐振腔腔长较长，所以布里渊增益谱内出现多个滤波通带，边模抑制比在 5.737 GHz 和 15.737 GHz 处分别为 7.5 dB 和 5 dB，无法满足主通带外的干扰信号得到有效抑制的滤波要求。

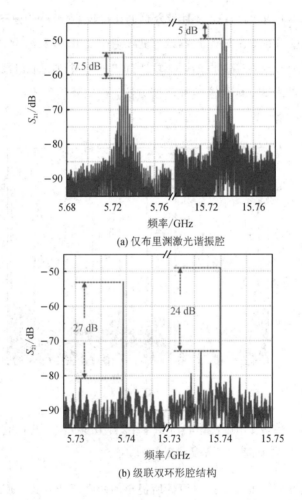

(a) 仅布里渊激光谐振腔

(b) 级联双环形腔结构

图 6-31 不同结构对应的系统频率响应

当在布里渊激光谐振腔上级联环形腔 R2 时，所测得的系统频率响应如图 6-31(b) 所示。从图中可观察到除主通带外的其余通带均被明显抑制，在 5.737 GHz 和 15.737 GHz 处分别获得了 27 dB 和 24 dB 的边模抑制比，保证了在单个布里渊增益谱内仅存在单个滤波通带。

参 考 文 献

[1]　STOKES L F, CHODOROW M, SHAW H J. All-fiber stimulated Brillouin ring laser with submilliwatt pump threshold[J]. **Optics Letters**, 1982, 7(10): 509－511.

[2]　WU Z, ZHAN L, SHEN Q, et al. Ultrafine optical-frequency tunable Brillouin fiber laser based on fiber strain[J]. **Optics Letters**, 2011, 36(19): 3837－3839.

[3]　YONG J C, THÉVENAZ L, KIM B Y. Brillouin fiber laser pumped by a DFB laser diode[J]. **Journal of Lightwave Technology**, 2003, 21(2): 546－554.

[4]　SHEN Y, ZHANG X, CHEN K. All-optical generation of microwave and millimeter wave using a two-frequency Bragg grating-based Brillouin fiber laser[J]. **Journal of Lightwave Technology**, 2005, 23(5): 1860－1865.

[5]　CHAN E H W, MINASIAN R A. Coherence-free high-resolution RF/microwave photonic bandpass filter with high skirt selectivity and high stopband attenuation[J]. **Journal of Lightwave Technology**, 2010, 28(11): 1646－1651.

[6]　WU Z, SHEN Q, ZHAN L, et al. Optical generation of stable microwave signal using a dual-wavelength Brillouin fiber laser[J]. **IEEE Photonics Technology Letters**, 2010, 22(8): 568－570.

[7]　SHEN Y, JIN X, ZHANG X, et al. Two-frequency Brillouin fiber laser based on Bragg grating Fabry-Perot cavity[J]. **Fiber and Integrated Optics**, 2005, 24(2): 83－90.

[8]　YAO X S. High-quality microwave signal generation by use of Brillouin scattering in optical fibers[J]. **Optics Letters**, 1997, 22(17): 1329－1331.

[9]　GENG J, STAINES S, JIANG S. Dual-frequency Brillouin fiber laser for optical generation of tunable low-noise radio frequency/microwave frequency[J]. **Optics Letters**, 2008, 33(1): 16－18.

[10]　DUCOURNAU G, SZRIFTGISER P, AKALIN T, et al. Highly coherent terahertz wave generation with a dual-frequency Brillouin fiber laser and a 1.55 μm photomixer[J]. **Optics Letters**, 2011, 36(11): 2044－2046.

[11]　THÉVENAZ L. Slow and fast light in optical fibres[J]. **Nature Photonics**, 2008, 2(8): 474－481.

[12]　SHANG Y, GUO R, LIU Y, et al. Managing Brillouin frequency spacing for temperature measurement with Brillouin fiber laser sensor[J]. **Optical and Quantum**

Electronics，2020，52：1－8.

[13] XU Y，LU P，BAO X. Compact single-end pumped Brillouin random fiber laser with enhanced distributed feedback[J]. **Optics Letters**，2020，45(15)：4236－4239.

[14] LIU Y，ZHANG M，ZHANG J，et al. Single-longitudinal-mode triple-ring Brillouin fiber laser with a saturable absorber ring resonator[J]. **Journal of Lightwave Technology**，2017，35(9)：1744－1749.

[15] LOH W，YEGNANARAYANAN S，O'DONNELL F，et al. Ultra-narrow linewidth Brillouin laser with nanokelvin temperature self-referencing[J]. **Optica**，2019，6(2)：152－159.

[16] BIRYUKOV A S，SUKHAREV M E，DIANOV E M. Excitation of sound waves upon propagation of laser pulses in optical fibres[J]. **Quantum Electronics**，2002，32(9)：765.

[17] KANG M S，NAZARKIN A，BRENN A，et al. Tightly trapped acoustic phonons in photonic crystal fibres as highly nonlinear artificial Raman oscillators[J]. **Nature Physics**，2009，5(4)：276－280.

[18] PANG M，JIANG X，HE W，et al. Stable subpicosecond soliton fiber laser passively mode-locked by gigahertz acoustic resonance in photonic crystal fiber core[J]. **Optica**，2015，2(4)：339－342.

[19] YANG S，YANG Y，LI J，et al. Opto-electronic oscillator mediated by acoustic wave in a photonic crystal fiber stimulated in 1 μm band[J]. **Optics Letters**，2018，43(20)：4879－4882.

[20] CHANG J，DENG Y，FOK M P，et al. Photonic microwave finite impulse response filter using a spectrally sliced supercontinuum source[J]. **Applied Optics**，2012，51(19)：4265－4268.

[21] ZHU X，CHEN F，PENG H，et al. Novel programmable microwave photonic filter with arbitrary filtering shape and linear phase[J]. **Optics Express**，2017，25(8)：9232－9243.

[22] SHI N，ZHU X，SUN S，et al. Fast-switching microwave photonic filter using an integrated spectrum shaper[J]. **IEEE Photonics Technology Letters**，2019，31(3)：269－272.

[23] XU E，ZHANG X，ZHOU L，et al. Ultrahigh-Q microwave photonic filter with Vernier effect and wavelength conversion in a cascaded pair of active loops[J]. **Optics Letters**，2010，35(8)：1242－1244.

［24］　LIU J，GUO N，LI Z，et al. Ultrahigh-Q microwave photonic filter with tunable Q value utilizing cascaded optical-electrical feedback loops［J］. **Optics Letters**，2013，38(21)：4304 - 4307.

［25］　陈亮. 光纤中前向和后向受激布里渊散射效应理论分析及应用研究［D］. 合肥：合肥工业大学，2019.

［26］　逄超. 基于前向受激布里渊散射的高空间分辨率传感研究［D］. 哈尔滨：哈尔滨工业大学，2019.

［27］　张芮闻. 基于硅基集成波导的前向受激布里渊效应研究［D］. 武汉：华中科技大学，2018.

［28］　李强强. 光纤中前后向布里渊散射特性分析［D］. 兰州：兰州理工大学，2016.

［29］　华子杰. 基于前向受激布里渊散射的分布式光纤直径测量研究［D］. 哈尔滨：哈尔滨工业大学，2020.

［30］　耿丹. 光子晶体光纤中受激布里渊散射与四波混频技术研究［D］. 杭州：浙江大学，2008.

［31］　潘登. 基于受激布里渊散射的有源光滤波技术及应用［D］. 武汉：华中科技大学，2015.

［32］　俞本立，钱景仁，杨瀛海，等. 窄线宽激光的零拍测量法［J］. 中国激光，2001，28(4)：351 - 354.

［33］　江阳，于晋龙，胡林. 受激布里渊散射在微波光子信号中的应用［J］. **Laser & Optoelectronics Progress**，2008，45(3)：44 - 49.

［34］　张芮闻. 基于硅基集成波导的前向受激布里渊效应研究［D］. 武汉：华中科技大学，2018.

［35］　唐健冠. 基于布里渊散射的多波长光纤激光器及分布式光纤传感研究［D］. 武汉：华中科技大学，2011.

［36］　陈默. 超窄线宽布里渊掺铒光纤环形激光器机理与特性研究［D］. 湖南：国防科学技术大学，2015.

［37］　郭荣荣. 高灵敏多波长布里渊掺铒光纤激光温度传感器机理研究［D］. 太原：太原理工大学，2021.